30秒探索

神秘的天气

每天30秒
探索极其重要的50个事件和现象

主编

[英] 亚当 · A.斯凯夫
（Adam A. Scaife）

参编

[英] 爱德华 · 卡罗尔（Edward Carroll）
[英] 莱昂 · 克里福德（Leon Clifford）
[英] 克里斯 · K.富兰德（Chris K. Folland）
[英] 乔安娜 · D.黑格（Joanna D. Haigh）
[英] 布莱恩 · 霍斯金斯（Brian Hoskins）
[英] 杰夫 · 奈特（Jeff Knight）
[英] 杰弗里 · K.瓦里斯（Geoffrey K. Vallis）

译者

刘晓安　韩永珍　刘桂林

机械工业出版社
CHINA MACHINE PRESS

北京市版权局著作权登记　图字：01-2019-4032

图书在版编目（CIP）数据

神秘的天气 / (英) 亚当・A. 斯凯夫
(Adam A. Scaife) 主编 ; 刘晓安, 韩永珍, 刘桂林译.
北京 : 机械工业出版社, 2024. 7. -- (30秒探索).
ISBN 978-7-111-76333-8
Ⅰ. P4-49
中国国家版本馆CIP数据核字第2024HK8378号

机械工业出版社（北京市百万庄大街22号　邮政编码100037）
策划编辑：汤　攀　　　　　责任编辑：汤　攀　张大勇
责任校对：龚思文　张　薇　　封面设计：鞠　杨
责任印制：张　博
北京利丰雅高长城印刷有限公司印刷
2024年11月第1版第1次印刷
148mm × 195mm・4.75印张・137千字
标准书号：ISBN 978-7-111-76333-8
定价：59.00元

电话服务	网络服务
客服电话：010-88361066	机　工　官　网：www.cmpbook.com
010-88379833	机　工　官　博：weibo.com/cmp1952
010-68326294	金　　书　　网：www.golden-book.com
封底无防伪标均为盗版	机工教育服务网：www.cmpedu.com

目　录

序

茱利亚·斯林戈教授，英国二等女勋爵，英国皇家学会会员

我们所在行星的大气是相当复杂的，因此我们经历的天气在不同地方和一年中的不同时候都各不相同。从热浪到热带风暴再到暴风雪，天气和气候影响着我们的生活方式和做所有事情的方式。凭借着人类的聪明才智，我们已经适应了天气：我们种植会茁壮成长的庄稼，建造能抵御局部恶劣天气状况的家园，并围绕着季节安排生活。但是，在整个历史上，干旱、洪水和极寒等极端天气事件挑战着我们社会的恢复能力，给人们的生命和生活造成损失。于是我们非常自然地试图了解我们的天气和气候，了解是什么导致了天气在小时、星期、季节和年份间发生波动和变化。多年的研究已经带来了日益熟练的天气预报和气候预测，让我们可以为未来的天气做准备。比如这个下午可能会有大雷雨，本周晚些时候可能会出现具有摧毁性的风暴，今年冬天可能较冷，或由于气候变暖，未来数年可能会出现更加极端的热浪。

现在，我们生活在全球经济体中，依赖于全球贸易、高效的运输网络和适应性强且可靠的食物、能量和水的供给。所有这些系统在不利的天气和气候面前都很脆弱。气候变化带来的额外压力产生了一套新的环境，并对我们未来的安全构成了新的威胁。天气和气候对我们有着前所未有的直接和间接影响，它们影响着我们的生计、财富、健康、福利和繁荣。

通过应用严谨的科学技术和最新的设备，如气象卫星和超级计算机，对气象学的研究已让我们对天气和气候有了与过去完全不同的了解，我们能用不断发展的技术预测天气未来的变化。从全局到局部，从小时到数十年，我们对天气和气候的了解以及我们对它们作出的预测使得我们能够对未来进行规划。

请扎进本书的每一页去学习吧。

如何应对温室效应将考验人类的智慧。利用科学的知识了解我们所在的行星及其大气，是这个世纪更为紧迫之事。

INDIAN
Tropic of Capricorn
ATLANTIC
SOUTHERN OCEAN
Antarctic Circle
ANTARCTIC OCEAN
NEW HOLLAND
New Guinea
Madagascar

前言

亚当·A.斯凯夫教授

大气与人类行为是无法分开的，关于此有无数的例子。早期的船只在海上的狂风暴雨中受损，偶然来到的信风帮助船只通过一望无际的大海，毁灭性的旱灾、洪水和飓风即使在现在仍然会夺走成千上万的生命，而人们依赖于有规律开始的雨季从而形成了农时上的安排。总而言之，天气对我们所有人都有着巨大的影响。天气塑造了我们的文化，它甚至造成了历史上一些关键的节点，如19世纪拿破仑进军俄罗斯时因陷入冬季的严寒而失败，又或者美国农民由于20世纪30年代的沙尘暴而大规模迁徙。

这些事件及其后果之所以出现，是因为大气总是在变化。大气在所有的时间尺度上都发生变化，如下午的阳光让我们来到户外，又如热带季风带来了长期的降雨。甚至数十年里天气总是往复相同，一夏又一夏，一冬又一冬，然而之后却发生了变化，接下来的好多年里情况截然相反。这种看上去相当神秘的行为之所以出现，是因为事实上大气是一种永远在环流的流体，它被包在正在旋转的地球的表面处一层薄薄的大气层中，大气的旋转和流动类似澡盆中的水。掌控我们天气和气候行为的公式，除不具有内部摩擦力，几乎与人们早上起床时咖啡杯里旋转的液体所适用的公式是完全一样的。

六个数学公式便是掌控天气和气候行为的全部公式，人们可以很精确地将它们写出来，仅仅一张明信片的背面就能将它们全部装下。但事实上，考虑到它们的重要程度，它们却没有被印在T恤上，这实在是太令人吃惊了。这些数量不多、但决定着天气变化的公式也源自于相当完善甚至可以说年代非常久远的物理学。它们来源于一百多年前就被揭示的牛顿运动定律、热和气体的物理学知识，以及空气随风飘动时不能被产生也不能被破坏这一事实。

尽管事实上我们对掌控天气未来的公式如此之了解，但它们仍然被不确定性所掩盖。这此公式不像人们在学校用铅笔和纸就能求解的数学练习，它们非常棘手，不可能通过简简单单计算得到精确解答。更为糟糕的是，它们告诉人们，很微小的变化就能通过“混沌”最终引发巨大的影响。它们还告诉人们，扇动翅膀的海鸥事实上能在数月后引发飓风，因而这些公式对任何预测都施加了限制。这就是为什么气象学如此棘手但又引人注目的原因。大气是一种流体，如何理解并研究它是地球物理学仅剩的几个最活跃的领域之一。

风总是在地球周围流动。利用风的能量远航是人类推动自身成为全球社会的一个较早的例子。

现在人们在了解和制作未来数小时到数年的天气预报方面都取得了长足进步，这些都完全依赖于现代科技。人们用一整套科学仪器测量各种各样的地球大气参数。大量的环境卫星持续监测大气和海洋的行为，并将测量数据传回地球。极地轨道卫星总是在

差不多经过南北两极上方800千米高的轨道上围绕着地球旋转，而地球同步卫星则位于地表上方3.6万千米处。

这些重要的观测数据，连同来自观测站、雷达、飞机和气象气球的地面测量数据自动被输入庞大的数据库，一起对全球天气变化的状况进行更新。人们使用地球上一些强大的计算机来获得这些最新的信息，并将其同计算机对原理公式的运算能力结合起来，计算下一步将会发生什么。其结果是非常引人注目的。计算机制作出整个地球天气的虚拟仿真模型，它包含我们所看到的所有天气现象，如急流、飓风、厄尔尼诺暖流等大气之间的多年气候涛动。所有这些都自发地出现在作为计算机模型核心的少数基本公式中。基础科学应用的结果引发各种事物发生了变化，比如本地电视天气预报主持人今晚所做的预报，以及横跨世纪的预报对政府在气候变化方面的政策产生了影响。

本书将人类目前掌握的先进科学知识分享给读者。本书由天气预测、大气物理学和全球气候行为等方面的顶级专家撰写，他们带来了自己对200多年来结合研究和经验的深度认识。第一章天气要素，是基础知识，描述了天气的基本特征，详细介绍那些我们觉得理所当然的各种天气现象是如何产生的。第二章全球大气，介绍了天气所在的大环境，让读者了解推动风暴贯穿海洋水域的急流和热带信风中的回流等内容。第三章太阳，解释了照亮天空的各种短暂的光学现象背后的科学知识，以及太阳是如何决定和深刻影响地球的天气和气候的。 第四章天气观测和预报，介绍用来制作天气预报的设备。第五章我们可以改变

天气吗，对未来的气象学发展提出了问题，本章使用的例子包括臭氧层在历史上的变迁和未来气候的变化，所有这些都发生在第六章天气周期性变化中介绍的自然大气波动的背景之中。最后一章极端天气，解释了气象学中天气更为野性的一些现象。

少量的基本公式包含了基本的物理学知识，其中就有未来天气和气候变化的秘密，比如冬季的寒潮和夏季的热浪。

读者可以打开本书的任何一页，或者在某个时间将自己沉浸在某个完整的章节，也可以阅读气象学上一些伟大科学家的有趣故事。不管如何阅读这50个主题，我都建议读者思考未来会发生什么。在气象科学取得进步以前，天气预报工作者预报未来天气的梦想曾受到人们的嘲笑，但现在天气预报的精度不断提高是事实，这使得天气预报成为全社会的一个重要工具。现在哪怕是对一般天气进行长期预报，如提前数月甚至数年预报都是可能的，在某些情况下，还可以预报未来剧烈的天气事件。这些剧烈天气变化预报中的一些内容势必会变得更加关键，而且它们现在正在出现。比如就在读者阅读本书的时候，地球正变得比之前记录的温度还要高。

天气要素

天气要素
术语

悬浮颗粒（aerosols） 悬浮颗粒是由以数百亿计的微小液体微滴或悬浮在气体中的颗粒所组成的。花粉、海盐和燃烧产生的煤灰都能在大气中产生悬浮颗粒。污染物和火山喷发会在高到平流层的地方产生含有硫酸微滴的悬浮颗粒。一些悬浮颗粒如煤灰吸收外来的太阳辐射，使地球温度升高，其他的悬浮颗粒如硫酸微滴会将太阳辐射反射回空中，从而具有降温的作用。悬浮颗粒可作为凝结核，围绕其形成云滴。悬浮颗粒的尺寸从1纳米至100微米不等。

昼夜平分季节（Equinox/equinoctial seasons） 昼夜平分季节中有昼夜平分点，此时白天和夜晚等长。昼夜平分点一年中出现两次，分别为3月21日左右和9月23日左右。昼夜平分季节是冬季和夏季之间的季节，所以春季和秋季是昼夜平分季节。在气象学术语上，昼夜平分季节通常被认为是长度为三个月的季节，即三月、四月和五月以及九月、十月和十一月。昼夜平分季节是最热和最冷的夏季和冬季之间的过渡季节。

长波辐射（long-wave radiation） 它是地球温暖表面和大气温暖区域辐射的热量。它的波长较来自太阳的可见光和紫外线的波长要长，后者被称为短波辐射。长波辐射是不可见的红外波辐射，但它是一种与光线和无线电波类似的电磁辐射。

气压梯度（pressure gradient） 大气压力在指定方向上随距离的变化称为压力梯度。这种梯度产生一种作用于空气的力，它的方向垂直于天气图上看到的相同空气压力所在的一条条线（即等压线）。这种力试图将空气从气压高的地方推向气压低的地方，这是风的来源之一。气压梯度越大，等压线便越密，所产生的风便越强。在气象学中，人们将气压梯度的观点应用于大气行为，通常以毫巴每千米（mb/km）来度量，毫巴是大气压力的单位。地球海平面处的名义大气压力为1000毫巴或1巴（1个标准大气压）。

饱和状态（saturation） 大气的一种状态。在这种状态下，空气中含有某湿度和气压条件下它可以保有的最大量的水蒸气。在饱和时，相对湿度即空气中水蒸气的量同空气可以保有的水蒸气的最大量的比值为100%，而更多的水蒸气无法进一步通过蒸发进入空气。空气保有水蒸气的能力随着温度升高而升高，随着温度降低而降低。这就是为什么温度较高的空气湿度更大的原因，也是温度较高的潮湿空气在上升和降温时形成云的原因。

至日（solstice） 一种天文现象，每年发生两次，分别在6月22日左右和12月22日左右，原因是地轴与它绕着太阳旋转的轨道平面之间有倾斜。至日发生在夏季和冬季。在北半球，夏至出现在6月，冬至出现在12月，在南半球则相反。在至日，某个半球的日光量处于年度最大，而在另一个半球的日光量则处于年度最小。

过冷却水（supercooling/supercooled water） 流体在其正常冰点以下的温度冷却但并未固化时，过冷却水便形成了。过冷却水的水滴存在于高纬度的云中，这里空气的温度低于水的凝固点。过冷却水状态只能在不含杂质或悬浮颗粒的水滴中形成，否则会成为凝结核从而触发结晶。研究表明，过冷却水现象发生的原因可能是水分子的排列方式同结晶不相容。

逆温现象（temperature inversion） 在大气最低的一层对流层中，空气温度通常随高度上升而下降，但有时候温度会上升，导致一层较暖空气出现在一层较冷空气上方，这被称为逆温。通过逆温层的降雨会凝结，形成冻雨。如果逆温层下方的空气足够潮湿，会形成雾。在人口稠密的地区上方，逆温会起到盖子的作用，吸收地面附近的污染物。

涡旋（vortex/vortices） 在气象学中，涡旋通常指的是旋转的空气。这种旋转可以发生在低压系统的周围。飓风或台风是围绕低气压中心旋转的涡旋的例子。在每一个极地的低压区周围都发现了规模较大、持续时间较久的大气涡旋，所谓的极地涡旋在北极上方，它与北美和欧亚大陆的严冬相关，非常出名。

空气

3秒钟速览

空气是由不同气体组成的薄层，它常常受到天气的扰动作用，天气在月份这个时间尺度上搅动空气。

3分钟扩展

空气在较低的大气层与平流层间缓慢流动，平流层是臭氧所在的大气层。空气在热带地区上升，而在地球两极下降，但是这个过程非常缓慢，空气分子需要数年时间才能完成整个流动过程。这种缓慢的流动过程非常重要，因为它决定了清除空气中消耗臭氧的化学物质所需的时间。

地球的直径达数千千米，但我们呼吸的空气却只位于厚度仅为100千米的地球表面大气层中。如果开车的话，这个距离不到一小时就能跑完。空气是由不同气体组成的混合物，主要成分是氮气（78%）和氧气（21%），剩下的1%是不活跃的氩气、二氧化碳（CO_2）和微量的其他气体，如臭氧。空气中还有水蒸气，在地表含量约为1%，但这取决于所在的位置。大气对流层中不平静的天气系统常常会搅动带有少量污染物和其他化学成分的气体，所以空气的大部分是混合得相当均匀的。不超过一年的时间，混合好的空气就出现在全球，这就是为什么来自城市和工业不断增长的二氧化碳几乎可在任何地方被检测到。二氧化碳尽管只占空气的很小一部分，但它还是影响了地球的温度，其浓度因人类活动迅速增加，导致全球气候变暖。这些变化发生的速度很快，但不同气体的平衡并不总是一致的。在地球上遥远的过去，有一些持续时间很长、氧气含量很低的时期，但在其他时期氧气的含量又很高。这种现象有很重要的影响，比如能让昆虫长到其现在大小的数倍。这是空气成分与地球上的生命关系非常紧密的一个例子。

相关主题

大气分层　6页
臭氧空洞　96页
全球变暖和温室效应　98页

3秒钟人物

约翰·廷德尔
1820—1893
爱尔兰物理学家，他发现了空气的许多特点，如红外线同热辐射相互作用可升高或降低大气的温度

本文作者

亚当·A. 斯凯夫

空气的组成成分在很多方面发挥着重要的作用，包括确保地球上有生命，阻挡来自太阳的致命射线，捕获热量让地球变得舒适，以及非常重要的一点——为人类呼吸提供氧气。

A
FRI
CA
MANICONGO
MARE MAGADAZO
EQUINOTIALE
CAPRICORNO
COSTA DE MAROCHO
GUINEA
CALABAR
MANGADAZO
ARABIA
MARE ROSSO

大气分层

让我们从低到高对大气来一场旅行吧。如果你曾经爬过山，你就会知道，爬得越高，空气温度越低，每上升150米，温度降低约1℃。这是因为阳光被地表吸收，使得地表温度升高。由于热辐射以及在湍急的对流层中上升的温暖水蒸气的原因，能量被散失了。上升的空气造就了大部分的天气，而在热带地区云层高度通常为15千米。如果我们上升至更高的高度，会发生什么呢？空气并不会变得更冷。随着高度继续上升，空气的密度降至其地表密度的十分之一，它的温度再次升高，此时我们就进入了平流层。在这里，臭氧通过吸收来自太阳的紫外光让大气升温。此时温度较高的空气处于温度较低的空气上方，一切都是稳定的，因此这里没有天气现象。最后臭氧层开始变得稀薄，温度再次下降，我们就来到了中间层。这里空气的密度是地表空气密度的万分之一，于是空气再次变得不稳定。夏季时，来自下部遥远天气系统的细小波纹向上运动，推动风把空气带向上方，于是制造了大气中最冷的点，其温度低于零下100度。

3秒钟速览

我们所有的天气都发生在大气的最低层即对流层中，在其上方是不活跃的平流层和中间层。

3分钟扩展

其他行星也拥有对流层和平流层，两者边界处的气压通常与地球对流层和平流层分界处的气压相同。毫无疑问，木星就是个例子，但这颗巨大行星的大气在热平衡方面却不一样，其大部分能量来自一个尚未观察到的神秘来源，其处于木星大气的深处。

相关主题

空气　4页

臭氧空洞　96页

3秒钟人物

亚里士多德

前384—前322

古希腊博学家，他在公元前350年左右撰写了第一部关于天气的著作。在此书中，他概述了水文循环，并讨论了各种天气现象

本文作者

亚当·A. 斯凯夫

根据温度可将地球的大气分为四层。将天气限制住的这一层是对流层，最靠近地球，温度也最高。最高的一层是热层，它是流星和极光所在的一层。

季节

3秒钟速览

地球产生四季的原因是地轴倾斜，而非地球距离太阳的距离。

3分钟扩展

至日和昼夜平分点（春分、秋分）是地球每年围绕太阳运动的关键时刻，天文学家可用它们来精确测量季节。但在气象学上，天气的变化更为渐进。因此气象学家所说的四季，通常是日历月的先后顺序，它们是天气统计的基础。月份分组是根据被研究的地方进行选择的，如在中纬度地区使用的四季，其每个季度有三个月。

地球的自转轴与地球围绕太阳公转轨道面的倾角为66.34度。空间中地轴方向是固定的，因此地球围绕太阳旋转每年往复，有半年时间北半球朝向太阳，另外半年时间南半球朝向太阳。这就导致地面接收到的光线数量增加和减少，且太阳在空中的高度有高有低，使太阳让地球表面变暖的能力发生变化。这种现象在热带以外的区域，产生了温度的往复变化，与之相应的便是四季，即春、夏、秋、冬。在热带地区，中午的太阳总是处于空中最高的位置，温度在一年间的变化不大。在这个区域，降雨的变化而非气温的变化决定了季节。热带雨林地区紧跟太阳直射的纬度变化，常常导致雨季较短而旱季较长，如印度不少地方便是如此。但在东非等一些地方，由于头顶上的太阳从北方和从南方两次经过，所以有两个雨季。

相关主题

雨季　52页
季风　54页
米兰科维奇旋回
126页

本文作者

杰夫·奈特

安东尼奥·维瓦尔第如果住在赤道附近，可能就不会受到启发而写出协奏曲《四季》。地球自转轴的倾斜解释了为什么季节在中纬度地区更为明显，但在热带地区则不那么显著。

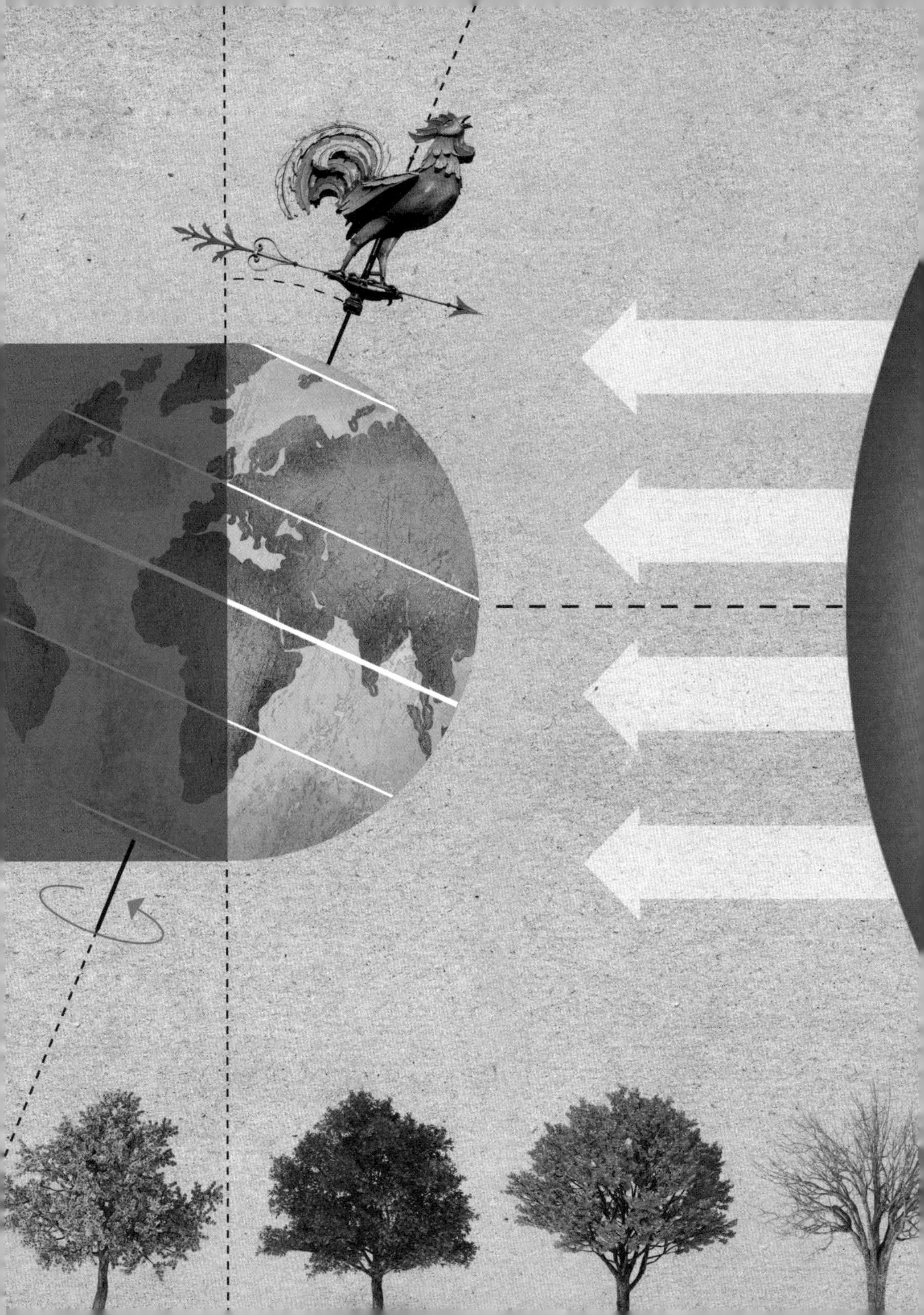

云

水蒸气是一种气体，不可见，但在大气中却几乎无处不在，其浓度也有差异。温度降低使空气容纳水蒸气的能力下降，如果降温程度足够的话，便出现了饱和。在饱和点处，水开始从气态转变为液态水或固态的冰。最常见的制冷机制便是抬升，如热的空气在冷暖锋处抬升到楔形冷空气的上方，或者空气泡在被太阳晒热的地表抬升。压力降低让上升的气团体积变大，这个过程消耗热能的原理同冰箱类似。降温产生的液态水在物体表面形成微小水滴的聚集，看上去像是一杯冰水上方的薄雾。在大气中，要形成冷凝所需的表面是由被称为凝结核的微粒提供的。凝结核有很多来源，如海浪破碎后产生的盐颗粒以及工业污染物。所有的云滴都包含这种极微小的核，水滴因为冷凝或成冰过程中的凝华作用而体积增大至1~10微米的量级。由于太小，它们下降的速度可以忽略不计，事实上仍处于悬浮的状态，但大型的云朵重量可达百万吨。

3秒钟速览

云是由微小的水滴或冰粒构成的，每一个小水滴或冰粒都包含一个凝结核，它是一个微小的固体微粒。

3分钟扩展

业余气象学家卢克·霍华德充分利用自己一生透过窗户看星空的爱好，于1802年发表了关于云的分类。现在云的种类是按照他提出的术语来命名的，如积云是垂直方向上大量的云，卷云是纤细状的云，层云是层状的云，而雨云则是导致下雨的云。

相关主题

雨　12页
雪　16页
冰雹　18页
雾　20页

3秒钟人物

卢克·霍华德
1772—1864
英国药学家和业余气象学家，他于1802年提出了云的命名方法

本文作者

爱德华·卡罗尔

卢克·霍华德发明的云分类法，经种类合并及考虑三种高度形式，得到了进一步的改良，产生了高积云、卷层云和积雨云这样的名称。

雨

3秒钟速览

大多数热带以外的雨滴，其起源是云团上部温度较低部分中的冰粒。云团在下降和融化的过程中大量释放出云滴。

3分钟扩展

云滴的典型直径是1~10微米，细雨滴的直径是100~500微米，而雨滴的直径是500~5000微米。小的云滴在大小上同可见光的波长接近，散射光线的效率比大些的云滴或雨滴更高，因为后者吸收了更多的光线。因此云团通常看上去显得更暗一些，让人更加害怕，因为此时云滴的大小已经接近雨滴的大小。

一颗云滴要成为一颗雨滴，须在重量上增加一百万倍。不同大小的云滴在不同的速度时开始下降，会通过碰撞和合并从而增大体积。这通常是一个缓慢的过程，但一小部分雨滴却有足够多的机会发生碰撞变大并获得可观的下降速度，这就使得它们能够碰到数量不断增加的小雨滴，这是一个加速的过程，可在20分钟内形成雨滴。在非热带地区，另一种气象过程占据着主导地位。在这些地区，多数含有雨的云温度在0℃以下，但只有很少的云会结冰，除非达到非常冷的情况，如-20℃以下。相反，雨云的大部分是由温度低于0℃的过冷却水滴所组成的。水蒸气在冰上凝华比在水中冷凝更为容易，因而少量冰粒迅速变大，从空气中吸引水蒸气，导致很多过冷却水滴因蒸发而体积缩小。冰粒因失去水滴而体积增大，于是开始下落，在下落的过程中聚合过冷水滴，而这些水滴便在冰粒上凝结。当冰粒下降来到较为温暖的高度时，它们便开始融化，这一过程人们似乎忘记了，以为它们就是以雨的形式落在地面上的。

相关主题

云　10页

季风　54页

酸雨和大气污染 102页

本文作者

爱德华·卡罗尔

没有云便没有雨，但构成云的云滴太小而不能下落，除非它们与其他云滴聚合，使重量增大。当这些水滴的直径达到0.5mm或更大时，天空就为它们打开了，让人们对头顶上的云层“感恩戴德”。

霜

3秒钟速览

当气温降到0 ℃以下，就出现了人们所说的霜。条件合适时形成的冰，便是其标志。

3分钟扩展

从16世纪到19世纪所谓的小冰期里，伦敦的冬天有时候冷到连泰晤士河都被冻住。当穿过城市的这条“大道”可以通行的时候，老百姓们便兴奋了，并产生了自发出现的“霜降庙会”。庙会中人们支起小摊，开展娱乐活动，还烤牛肉。甚至有一次，有人还牵引着一头大象走过了河面。

从气候上讲，霜是气温降至低于冰点即0 ℃时出现的现象。气温可随着高度发生剧烈的变化，而标准的测量操作是在地表以上1.5米处测量气温。在晴朗平静的夜晚，由于长波辐射的原因，地表温度在夜间下降，会导致气温随高度增加而降低这个一般趋势发生逆转。在这样的环境下，地表温度可比1.5米高度处还要低5 ℃。所以地表比空中更容易结霜，尤其是在有草的地面，在这里草叶间的空气隔绝了地面存储的热量。晚春的霜冻会使处于萌芽状态生长缓慢的柔嫩植物冻伤，原因是水结冰导致膨胀，使细胞壁破裂。白霜是霜的可见形式，它是水蒸气在0 ℃以下的植物和其他物体表面直接凝华而形成的冰晶。在湿度较高且有风的情况下，新来到的水蒸气常常与较冷的物体表面接触，会聚集成较厚的霜壳，有时候会形成神奇的冬日风光。当露水凝结时，便形成了更透明的冰。当温度很低的雾滴随机在接触的物体表面上冻住时，便产生了被称为“雾凇”的景观。

相关主题

云　10页
雪　16页
雾　20页

本文作者

爱德华·卡罗尔

冰表现出不同的晶状结构。它有时候是短暂存在的精细丝带，有时候则是非常坚硬的晶格，其强度高到能承受人和动物的重量。

雪

3秒钟速览

当水蒸气在凝结核上凝华时，微小复杂的六角形冰晶尺寸逐渐变大，随着它们相互撞击和连锁起来，便形成了雪。

3分钟扩展

在非大型冬季气候如西北欧洲的冬季，降雪是很难被预测的，因为1℃的气温温差便会造成很大的不同，可能是10毫米的雨，对生活没有什么影响；也可能是15厘米的大雪，造成交通混乱。当雨势增强时气温下降更厉害，此时挑战变得更大，于是预报的小雨在比预计的雨量更大时，可能会变成破坏性的雪。

云的冰粒在被称为凝结核的悬浮体上形成，凝结核具有类似冰晶的六角形小尺寸结构。水蒸气凝华形成的固态冰可产生极其复杂、几何形状甚至是有机形态的结构，通常为六角形，但由于温度和湿度的不同，出现针状、盘状、甚至形态复杂类似蕨类植物的分支形状。在分支形状下落时，它们能轻易地互相紧扣和结合起来。如果气温接近或低于0℃，达到地面时会呈现经典的羽毛状雪花。下降的冰粒也可通过聚集过冷却水滴而变大，这些水滴通过接触而结冰，并且伸出来让冰粒呈现出一种不规则的形状，掩盖最初的水晶形状。这个过程称为积聚，而产生的降雨则称为霰，而当冰粒包含小颗粒时，被称为雪粒。事实上，雪通常是由聚合和积聚同时引发的混合形态。由于滞留空气的存在，雪累积起来的深度比相同质量液态水的深度要深10~15倍。例如，相当于10毫米降水的雪，其深度为10~15厘米。当下降的雪或积雪被强风激起时，便出现了暴风雪。它到处打转，在空洞中堆积，也倚着障碍物形成漂移，将车辆和牲畜掩埋。

相关主题

云 10页
雨 12页
冰雹 18页

本文作者

爱德华·卡罗尔

威尔逊是来自美国佛蒙特州的农民，他于1885年开始拍摄雪花的照片。他一生拍摄的雪花照片超过5000张。他的拍摄工具是一个固定在相机上的显微镜。不幸的是，他因在暴风雪中走路回家，感染肺病而去世。

冰雹

3秒钟速览

拥有竖直方向强劲气流的积雨云可支撑大量的冰粒，在特殊情况下冰粒的直径可达10厘米，重达1公斤。

3分钟扩展

大型冰雹每年在一些地区导致大量农作物受损。在发达国家，如美国、欧洲各国和澳大利亚，一次次暴风雨带来了惨烈的经济损失，超过10亿美元。而在其他地方，如印度和孟加拉国的农村地区，由于人们更易因为没有躲避处而遭到冰雹的袭击。在这些地方有冰雹造成多起身亡的记录。

如果气团被抬升，其体积变大，温度降低。与周边环境相比，它气温较低，密度较大，从而降低至原先的位置。但是当其上方温度降低或其下方温度升高，气团就变得不稳定。其温度随高度降低的速度快于上升的气团。上升的气团比周围的大气要轻一些，并以上升泡沫的形态继续上升。这种过程被称为对流。水发生凝结并释放热量，进一步加大其升力，当冰形成的时候，云就成了积雨云。在云的边缘处，有高达10~15千米的隆起，形似鼓起的花椰菜，构成了单个上升气流的边界，而其上方更为混沌的边界则表示冰粒占了大多数。这些冰雹的"种子"迅速增大，很快开始下落，过冷却水滴便在其表面凝结。如果水平方向的风随着高度变化很大，温暖的上升气流会同温度较低、由降雨引发的向下气流保持分离，否则后者会让前者消失。势力强大的上升气流加剧下降的冰粒变成冰雹，这时下降的冰粒可在上升气团的斜坡上方再次循环，并进入上升气团的斜坡之中。冰出现新鲜的外层，由于在云的不同位置水滴的浓度不一致，透明层和不透明层便交替出现，于是冰雹便急速落至地面。

相关主题

云　10页
雨　12页
雪　16页
雷暴和闪电　132页
飓风　138页

本文作者

爱德华·卡罗尔

冰雹在云中循环流动的时候，聚集了一层又一层的冰，它受到速度为每秒24~50米的上升气流的支撑而不会坠落。

雾

3秒钟速览

身处雾中便有了把脑袋放在云里头的第一手经验。

3分钟扩展

烧煤所产生的黑色颗粒成为了云中的凝结核，促进了雾的形成。凝结核和雾结合起来，会形成特别稠密、很难散尽的烟雾，这在19世纪到20世纪中期的伦敦非常常见。黄色浓雾一次又一次出现时，能见度很差，只能看到几米远以外。它严重阻碍了交通，并导致呼吸道疾病，使数千人丧生。

雾是位于地面或者海面的云，密度大到让水平方向的能见度降到1千米以下，而降到200米以下是常事。当高海拔地面出现高度很低的雾时，便出现了山雾。但在一般情况下，雾同其他云的不同之处在于，后者是通过上升冷却形成的。地面上出现雾的主要机制是，在没有云的时候，夜间释放的长波辐射即热辐射反射回来的效率最高。微风阻止温度较高的空气从下至上发生混合，产生的降温便降低了空气含有水蒸气的能力，于是水滴便凝结在微小的凝结核上。雾一开始在地面上方形成，随着雾的上方成为辐射面，雾变得更浓了。其产生的辐射雾在山谷中最为常见，这里温度更低、密度更大的空气因排水和水道提供了湿气。当潮湿的空气在冷的下垫面上方通过而温度降低时，平流雾便产生了。海雾是平流雾的一种，在春季和初夏最为常见，此时海水温度尚低，但空气的温度正在上升。在世界上一些干燥或季节性干燥的地方，海雾或山雾是树木重要的水源，如加利福尼亚州的海岸红杉。遇到障碍物的水滴在叶片或针叶上结合，然后滴落到地面，为植物根系提供了水分。

相关主题

云　10页
雨　12页
雪　16页

本文作者

爱德华·卡罗尔

水滴在雾中的浓度决定了有雾时的能见度。较冷的海水温度使得加利福尼亚州海岸红杉常常受到海雾的影响。虽然海雾有时让人们看不见金门大桥，但它却让大量的海岸红杉存活了下来。

1881年10月11日
出生于英格兰纽卡斯尔泰恩河畔

1903年
毕业于剑桥大学，获得自然科学一级荣誉学位

1907年
将近似数方法运用于不同的水力学公式，解决了泥煤层渗水的问题

1913年
第一次加入英国气象局，研究数学在天气预报中的应用

1916年
反对在军中服役。在法国一个战地流动医院中工作

1919年
回到英国气象局工作

1920年
从英国气象局辞职。这一年英国气象局成为空军部的一部分

20世纪20年代
在业余时间研究产生湍流的风和热的关系。他的公式确定了用于预测湍流在大气中出现位置的理查森数的概念

1922年
出版了开创性的著作《天气预报的数值方法》，该书中包含开创性的手算天气预报数学方法的细节及对湍流的研究

1926年
因其工作得到承认而被选入英国皇家学会

1929年
获伦敦大学学院心理学学士学位

1940年
退休，关注的领域包括数学在心理学和国际冲突中的应用

1950年
听闻首个使用计算机24小时进行数值天气预报的消息

1953年9月30日
在苏格兰的基尔曼去世

人物传略：刘易斯·弗莱·理查森

LEWIS FRY RICHARDSON

理查森发明了现代天气预报。他的宗教信仰和他对科学的兴趣塑造了他的一生。他出生在一个基督教贵格派家庭，养成了对科学的兴趣，并进入剑桥大学学习。在这里，他的学习涵盖了数学、物理和地球科学，这是学习气象学的理想背景。

在早期的工作中，理查森使用的数学与他后来在解决泥煤层透水所涉及的天气时所用的数学并无二致。这种方法以水动力学为基础，使用有限差分，可计算常变系统的演化。

1913年，理查森加入英国气象局管理苏格兰埃斯克代尔穆尔气象台时，便遇到了天气预报这个挑战。他认识到，原则上天气是可以使用水动力学的差分方程进行预报的。于是他开始着手这项工作。

在第一次世界大战期间，理查森因宗教原因虔诚地反对战争。他于1916年离开英国气象局在一个战地救护小组工作。他还继续完善自己的思想，并在数学上取得了瞩目的成就。他通过手算，进行了世界上首个数值天气预报，计算了中部欧洲两个地点的六小时气压和和风速的变化。但遗憾的是，由于公式表的方式有问题，他的预报并不准确。

理查森在1922年出版的一本书中记录了这次开创性预报的细节，此后他又发表了一系列文章，建立了数值天气预报的理论基础。他意识到，数值天气预报需要极大量的计算，是一个巨大的挑战。“也许在不确定的将来，计算的速度会超过天气变化的速度，但这仅仅是一个梦。”他如此总结到。他更为形象地描述了大气湍流的影响，这是他研究的另一项突破。

“大涡旋是由小涡旋构成的，小涡旋取决于自身的速度。小涡旋由更小的涡旋构成，依此类推，最小的涡旋取决于自身的黏度”。

理查森在战后再次加入了英国气象局，但他对和平的爱好让他很快再次辞职，原因是1920年气象局被并入空军，成为政府军事体系的一部分。在之后的岁月里，当他看见军方在气象学方面有了更大兴趣后，便将自己的研究转向其他领域。

理查森一直活到目睹了由计算机进行的首次天气预报。多亏有了现代的计算机，他梦想的使用数值方法进行天气预报现在成了现实。

莱昂·克里福德

气压、气旋和反气旋

3秒钟速览

气压的确是一种自然的力量，它有时产生风，有时产生雨，如果我们能明白压力的知识，我们就几乎完全知道了天气。

3分钟扩展

天气是由全球气压模式的变化引起的，因为风和雨在很大程度上能从下面这些模式中推导出来，包括气压梯度产生强风，气旋带来降雨，而反气旋则带来阳光。但这些变化是没有秩序的，即易发生变化且非常剧烈。作为一门有难度的学科，天气预报的目的就是要预计这些气象模式在未来一天、一周或更长的时间将会如何演变。

尽管气压有多种方式存在，其在流体力学和气象学中的定义相当清楚，即它是流体在其容器上或流体另一部分的单位面积上施加的力。举个例子，这就是为什么血压过高会导致血管爆裂的原因，因而不建议血压过高。大气中的某个点处，其气压非常近似地等于其上方空气的重量，因此随着高度上升，气压下降。水平方向上的气压也有变化，其原因是气温的差异和地球的自转，从而导致全世界气压形态永远在变化。低气压和高气压的区域分别被称为气旋和反气旋。空气通常向气旋旋转靠近然后上升，使得水蒸气冷凝，形成降雨下落。尤其是低纬度地区的强气旋可演化成飓风，带来强降雨和强风。与此相反的是，空气通常旋转向外离开反气旋，并被反气旋中下降的空气取代，防止空气变冷，并阻止冷凝形成降雨，从而形成晴朗的好天气。

相关主题

科里奥利力　26页
风的平衡　28页
飓风和台风　134页

3秒钟人物

埃文杰利斯塔·托里拆利
1608—1647
意大利物理学家，主要通过观察水银出现的量来测得空气的质量，从而发明了气压计

威廉·皮叶克尼斯
1862—1951
挪威物理学家，气象学卑尔根学派的建立者，该学派试图在地表气压图的帮助下理解和预测大气的运动

本文作者

杰弗里·K.瓦里斯

在文艺复兴晚期，埃文杰利斯塔·托里拆利发明了气压计，让大气研究成为真正的科学。

科里奥利力

3秒钟速览

到处都存在着科里奥利力。不管风往哪个方向吹，科里奥利力都试图使其转向。

3分钟扩展

在任何尺度大于风速除以地球自转时，科里奥利力都很重要。对于10m/s的风速，其科里奥利力为200公里。浴缸由于太小，放水孔上方的旋涡不受科里奥利力的影响，这不同于人们的普遍观点。科里奥利力第一次被人们讨论是在17世纪，原因是炮弹移位。

从空中或海上观察时，科里奥利力是一种可见的力，因为从自转的地球上能看见它。科里奥利力与风的强度成正比，在北半球它作用于风的右方。正是该力的存在，导致空气围绕低压系统旋转，并不会被加速向内。在逆时针围绕低压的运动中，位于风右侧的科里奥利力是向外的，并平衡了向内的压力。在南半球，科里奥利力位于风的左侧，空气围绕低压作顺时针运动。为理解科里奥利力的实质，想象一个静止于旋转轮盘上的球。如果轮盘的坡度正好，向外的离心力会被沿着斜坡向下将球向内拉的重力所平衡。如果球绕着轮盘得到了额外的速度，从旋转的轮盘看来，沿着直线方向的运动好像在向外作弧线运动。此外，向外的离心力由于速度增加而增大，不再被重力所平衡。上述两个效应便产生了可见的向外的科里奥利力。

相关主题

风的平衡 28页
大气波 42页

3秒钟人物

加斯帕德·古斯塔夫·科里奥利

1792—1843

法国数学家、机械工程师，他研究了与旋转水轮有关的力，并于1835年提出了科里奥利力的公式

本文作者

布莱恩·霍斯金斯

在北半球，空气在假想的科里奥利力的作用下，看上去会向右转。

MER NOIRE
TURQUIE
MER MÉDITERRANÉE
ALGÉRIE
MAROC
FEZZAN
ÉGYPTE
Tropique du Cancer
Pays des Touareg
SAHARA
OU GRAND DESERT
AFRIQUE
TAKROUR OU SOUDAN
ABYSSINIE
G. D'OMAN
HINDOUSTAN
OCÉAN
GUINÉE
Équateur
AMÉRIQUE
MÉRIDIONALE
ATLANTIQUE
NIGRITIE MÉRID.
MER DES
Tropique du Capricorne
COLONIE DU CAP

风的平衡

3秒钟速览

风类似于政治：背部朝向风时，为了走直线，你必须抵抗来自右方的压力。

3分钟扩展

风和压力间的平衡被称为地转平衡，位于中纬度的西风带和位于低纬度的信风都处于这种平衡中。温度随地理的变化是压力变化的主要原因，在温度梯度和空中的风之间存在着平衡，于是水平方向上的温度梯度就同随着高度增加而增加的风速相关。高低纬度之间的温度梯度产生了随高度增强的西风带，于是从欧洲飞往美国的航班，由于逆风的原因，比返程的时间要长。

风是空气的流动，通常是指规模相对较大的空气流动。在中纬度地区风从西往东吹，在热带地区从东往西吹，并接近热带的赤道，在赤道附近的部分于是被称为信风。但让人感到疑惑的是，风以其产生时的方向而命名，于是西风带就是吹向东方的。风就是空气的运动，事实上，当有力作用在风上时，风的速度变快。当地球的一部分温度升高时，空气膨胀，压力下降，通常大气中就这样产生了压力。空气立刻发生反应，从压力高的地方流向压力低的地方。但由于地球自转，科里奥利力便发挥作用，使空气在北半球向右方转弯，在南半球向左方转弯。其结果便是风并不真正地从气压高的地方向气压低的地方运动，相反，它在北半球围绕低压的区域（气旋）和高压的区域（反气旋）运动，低气压位于其左方，高气压位于其右方。

相关主题

气压、气旋和反气旋 24页
科里奥利力 26页

3秒钟人物

C. H. D. 白・贝罗
1817—1890
荷兰气象学家，他提出了白贝罗定律。该定律的内容是，当一个人背部朝向风时，他左侧的大气压低，右侧的大气压高。它使人们提出了地转平衡的概念

威廉・费雷尔
1817—1891
美国气象学家，它可能在白・贝罗之前就了解了地转平衡，他还让人们对大气循环有了更多的了解

本文作者

杰弗里・K. 瓦里斯

在科学和身体中，平衡同样很重要。科里奥利力几乎是由压力来平衡的。这种平衡是气象学的核心。

N
W
S

局地风

3秒钟速览

风常常受到局地地形的影响，在很大程度上会受局地地形的推动，尤其是大尺度气压系统势力很弱时。

3分钟扩展

由于复杂地形环绕地中海，于是地中海有很多局地风，其中一个便是密史脱拉风。通常因阿尔卑斯山焚风效应，一个低压系统在热那亚附近形成后，便经过狭长的罗纳河谷，速度加快，然后进入里昂湾。它可以不停地嘶吼数日，据说影响了人们的精神状态，导致抑郁和头痛。

在热带以外地区推动天气形成的大尺度对流系统，在较低纬度地区很弱或者根本就不存在。相反，风通常是由地形差异所导致的。陆地表面随昼夜交替升温和降温迅速，而海水温度则不太容易发生变化。在陆地上空温度升高使空气变得稀薄，气压下降。由于海风的作用，将更为稠密的海上空气吸入内陆，风向在途中发生变化，温度下降，湿度上升。空气在下方受到削弱，并被抬升，于是形成了前缘可见的云，有时候还会产生降雨。在热带地区，它很大概率会导致降雨；在中纬度地区，这种情况出现得没有那么规律，但在夏天不太热的条件下可以出现，如反气旋。一种类似的机制导致了上坡风，上坡风沿着被太阳晒热的斜坡吹拂，还产生了在夜间沿着温度降低的斜坡吹拂的下坡风。焚风是局地风的一种，当受迫处于山脉上方的气流越过高山后因凝结和降雨作用下沉，从而温度上升、湿度降低形成的一种干热风。焚风以德国南部阿尔卑斯山的风命名，它还包括北美落基山脉的奇努克风，这种风在冬天时能使温度在仅仅几小时内上升30℃。

相关主题

气压、气旋和反气旋　24页
风的平衡　28页
季风　54页

本文作者

爱德华·卡罗尔

海风和上坡风产生的首要原因是温度，其次是陆地表面因太阳迅速加热空气而产生的气压。这类风主要作用于从海上进入陆地的云和山峰上方的云。

全球大气

全球大气
术语

气象学卑尔根学派（Bergen School of Meteorology） 人们较早意识到，产生大气大尺度行为的原因是支配流体行为的物理过程，它主要包括水动力学、热动力学和力学。人们还认识到，大气可以用数学术语进行描述，这样就形成了研究气象学的方法，即气象学卑尔根学派。这个学派由一群科学家组成，他们以在挪威卑尔根大学工作的威廉·皮叶克尼斯为首，并受到他的影响。这种科学方法在二十世纪早期第一次世界大战后旋即形成，并影响了气象科学中的多项重要进展。

大陆性气候（Continental climate） 夏季和冬季温差巨大的气候。大陆性气候发生在大陆的内部，因为这些地区远离大海对空气温度的调节作用。这意味着，在通常情况下，大陆内部在夏季比沿海热，而在冬天比沿海冷。

昼夜平分季节（Equinox/equinoctial seasons） 昼夜平分季节中有昼夜平分点，此时白天和夜晚等长。昼夜平分点一年中出现两次，分别在3月21日前后和9月21日前后。昼夜平分季节是冬季和夏季之间的季节，所以春季和秋季是昼夜平分季节。在气象学术语上，昼夜平分季节通常被认为是长度为三个月的季节，即三月、四月和五月以及九月、十月和十一月。昼夜平分季节是最热的夏季和最冷的冬季之间的过渡季节。

海洋性气候（Maritime climate） 沿海地区受到来自海上盛行风的影响，于是有了海洋性气候。海洋在夏季使温度降低，而在冬季使温度升高。海洋性气候的地区，年温度变化不大，温差比在内陆要小。由于盛行西风的影响，中纬度地区很多大陆的西海岸都是海洋性气候。

极昼和极夜（polar night/day） 在地球的两极，当黑暗的夜晚持续超过24小时，被称为极夜；当明亮的白天超过24小时，被称为极昼。地轴同黄道面（地球绕太阳公转轨道平面）的夹角导致了极昼和极夜的产生。这意味夏至日附近的一段时间里，地球北极地区太阳不会落山，地球的表面仍持续沐浴在温暖的阳光里。类似的，在冬至日附近的一段时间，太阳并不会在北极地地区升起，这时地表并不会被阳光加热，也不能使其上方的空气温度升高，大气温度明显下降，变得很冷。地球上记录的最低温度为-89℃，出现在1983年7月极夜时期的南极。

平流层（Stratosphere） 地球大气中海拔约12千米至50千米的一层。平流层始于两极的地球表面上空（海拔约8千米），在赤道处比地球表面高约18千米。该层的空气非常寒冷、稀薄和干燥，是保护人们免受太阳紫外线损伤的臭氧层所在的地方。与下层大气不同，臭氧层具备温暖效应，臭氧可吸收紫外线的能量而使大气温度升高，所以平流层中空气的温度随着高度的增加而升高。

对流层顶（Tropopause） 对流层与海拔约12千米的平流层的边界。对流层顶是逆温的边界，即在此处温度停止随着对流层高度的升高而下降，而开始在平流层中随着高度的升高而升高。它的另外一个作用是分开具有不同化学物质的大气层，即将含有大量水蒸气和极少量来自平流层的臭氧的对流层同极其干燥、含有臭氧层的平流层分开。

对流层（Troposphere） 大气的最低一层，我们经历的大多数天气都在这里发生。对流层的范围为海平面到平流层的边界，平流层约12千米高，在赤道处较高，在两极处较低。对流层占大气总重量的75%左右及含大气中几乎所有的水蒸气。空气的温度和空气中的水气量都随着对流层中高度的升高而降低。

西风和东风（Westerlies and Easterlies）
在南北两个半球的中纬度地区，30~60度从西向东吹的盛行风称为西风。另一种风为东风，南北两个半球纬度30度到赤道的区域上方从东吹来的风，称为信风（信风也是东风）。信风在北半球从东北方向吹向赤道，在南半球从东南方向吹向赤道。在两个半球纬度60度以上的区域，还有其他向东吹的风，但它们并不是那么有规律。

气团和天气锋

3秒钟速览

天气锋是气团之间的剧烈过渡，而气团是具有不同特征的空气。剧烈的温度和湿度梯度产生了云和降水，有时候产生暴风雨。

3分钟扩展

“锋面”这个术语一战后很快就被发明出来，因为它们被绘制在天气图上时，类似当时军事地图上的锋面线。锋面的概念是由气象学卑尔根气象学派提出来的，他们建立了中纬度气旋如何在寒冷的极地冷气团和温暖的亚热带暖气团之间的界面上形成的原理。

1911年11月11日，在美国密苏里州的斯普林菲尔德，由于冷空气从西北方突然降临，气温从下午早些时候的27℃骤降至-6℃。伴随温度急速下降的是雷暴、冰雹和速度超过110km/h的大风，造成了建筑物的损坏。美国中部大部分区域都经历过类似的急剧天气变化，形成了大量毁灭性的龙卷风。尽管斯普林菲尔德经历的案例只是个例，但这次急剧的天气变化表明，中纬度地区的大气温度和湿度经常发生猛烈的变化，而非在长距离上发生渐近的变化。不同空气种类的交界面被称为锋面，其运动在很大程度上造成了每日的天气变化。在锋面之间，空气更为一致，具有其发源地的特征，于是形成了独特的气团。例如，在副极地洋面上生成的气团，其特征不同于在亚热带海面生成的气团，在陆地上生成的气团特性也不相同。气团在锋面相会，锋面的温度和温度差异巨大，会导致云和降水。大多数“势力”强大的锋面是低压气旋的一部分，后者会通过让针锋相对的气团旋转在一起而增强锋面的差异。

相关主题

气压、气旋和反气旋 24页
风暴路径 40页
飓风 138页

3秒钟人物

雅各布·皮叶克尼斯
1897—1975
挪威、美国双国籍的气象学家，他同卑尔根学派的其他人一起提出了挪威气旋模型

本文作者

杰夫·奈特

大气是由大量在湿度和温度方面存在差别且快速变化的气团所构成的不平静的集合。天气图标示出气团相会的天气锋面，从而使气团形象化。

急流

在中纬度地区，风通常从西向东吹，并随着高度的增加而变强，在接近海拔10km的对流层顶（即对流层和平流层的交界处）达到最大。在对流层顶附近西风风速达到最大的地区被称为急流，其风速通常为40m/s（144km/h），但最快速度可达到通常速度2~3倍。急流围绕地球形成破碎的波纹带状区域，通常有3千米深和300千米宽，但长度可达数千千米。20世纪20年代由日本气象学家大石和三郎在对自己释放的特制气球的行迹进行观察时，发现了急流。急流在二战期间非常知名，因为它对飞机产生影响，到现在仍然还很重要。西风的强度随着高度增加而增强，它同地球的自转、高纬度处冷空气和低纬度处暖空气的差异有关。急流所在的位置就是温度差别很大的地方，因此在冬季温差最大时，其速度就会更大。急流区域强烈的温差促使天气系统发展，天气系统从急流区域吸收能量，并受到急流的操控。

3秒钟速览

急流是位置较高的西风所在的狭窄区域。这种位置较高的西风围着地球蜿蜒，并推动了天气的形成。

3分钟扩展

地球有一两个西风急流。在南半球的冬天存在相互分离的极地急流和亚热带急流，在北半球的某些经度处也存在急流，在其他的经度处，他们合并起来成为一个急流。夏季在印度季风的南侧和西非上空，有来自东方的急流。土星和木星由于其大小和快速旋转，在不同的纬度处也有很多急流。

相关主题

大气分层　6页
风的平衡　28页
风暴路径　40页

3秒钟人物

大石和三郎
1874—1950
日本气象学家，日本首个空中气象台的负责人。他于1926年用世界语撰写了自己的报告

本文作者

布莱恩·霍斯金斯

急流的力量是如此的强大，以至于它可以大大改变航班的时间安排，这取决于飞机的飞行是顺着急流还是逆着急流。

Equator or Equinoctial Line
Tropic of Capricorn
Antarctic Circle
I N D I A N
O C E A N
S O U T H E R N O C E A N
A N T A R C T I C O C E A N
S O U T H
A T L A N T I C
O C E A N
N E W
H O L L A N D
New South Wales
Bay of Bengal
Ceylon
Maldive
Galla
Adel
Bomba
Biafra
Oman
Yemen
TARTARY

风暴路径

3秒钟速览

低压天气系统也称气旋，在整个北大西洋和太平洋发展和移动，其偏好的路径被称为风暴路径。

3分钟扩展

风暴路径可在纬度和长度上发生变化。有时候，北大西洋风暴路径在挪威附近结束，而有时候它在靠近南欧的地方结束。有时候，它继续前往西欧，此时该低压系统尚年轻，势力强，还未成熟和变得不活跃。但如果一个阻塞高压在欧洲占主导地位，那么这个风暴路径及与其相关的天气系统便无法靠近。

中纬度地区的风暴通常沿着被称为风暴路径的确定路径横贯大洋向东运动。早期的船员们感谢存在暴风天气“有偏好”的路径，而到了18世纪中期，便有了详尽的北大西洋风暴路径图。此路径始于北美东海岸附近，在越过大西洋时通常向东北方向稍微倾斜，然后到达欧洲。北太平洋风暴路径更接近于东西方向，它始于日本，到达北美西海岸附近。在南半球，主要的冬季风暴路径在南大西洋和印度洋上方向东和向南极旋转，在靠近南极的岸边中止。夏季时，风暴路径环绕澳大利亚。风暴路径与在中纬度地区贯穿大洋的西风急流关系密切。这是因为急流是北南气温反差巨大的地区，这种反差为暴风的发展提供了大部分的能量，而反过来，暴风也推动着伴随急流的近洋面西风。风暴路径的势力在冬天最为强劲，而在此时它离两极也最为遥远。

相关主题

急流　38页
阻塞高压、热浪和寒潮　46页

本文作者

布莱恩·霍斯金斯

风暴路径绘制了气旋风暴从生成到结束的典型路径。早期的航海家碰到这些风暴路径时，只能任凭风暴和海浪的处置，而现代的天气预报技术则让船只可提前一个星期获知风暴所经过的可能位置和风暴强度。

大气波

3秒钟速览

大气波试图通过为环流的混乱加入结构，从而为无序的天气带去秩序。

3分钟扩展

大尺度的大气运动通常是混乱且不可预测的，但并非完全如此。它是由定期经过地球、具有行星尺度的波所操控的。因此风暴路径出现的原因是大气波将天气导入某些区域。我们所经历的天气是混乱且不可预见的风暴同这些更有规律的大气波之间的竞赛。当大气波占主导时，我们便经历可预测、有规律的天气模式；而当混乱占上风时，预测便出现问题。能否更好地了解大气，将取决于我们从这些大气波中提取信息的能力。

波影响每个人和万事万物，包括挥手告别、体育场中的人潮、池塘水面的波纹和毁灭性的海啸。以光波的形式的能量来自太阳，微波加热咖啡，声波则为我们带来莫扎特和滚石乐队的乐曲。几乎所有周期性或有规律的事物都可以被认为是波，光波只是电磁波的一种，它每秒振动万亿次。大气中有波，不仅仅是打雷的声波。罗斯比波绕地球运动，其波长相当于大西洋的宽度，它受到大洋和山脉上方气流的鼓动，受到地球自转的影响。罗斯比波在数日和数周的时间尺度上组织天气。人们曾思考过，为什么天气会陷在某种模式中，比如连续两周下雨或连续多日晴天？最可能的原因是罗斯比波形成了一种持续的模式。如果我们可以更好地预测这些模式，就像冲浪运动员预测来到海岸的波浪一样，那么我们便可以预测时间上更为久远的天气。

相关主题

卡尔·古斯塔夫·罗斯比 45页

阻塞高压、热浪和寒潮 46页

混沌 88页

3秒钟人物

莱昂纳多·达·芬奇

1452—1519

意大利艺术家和发明家，可能是第一个意识到声音是以波的形式传播的人，此外他还为波绘制了一些漂亮的素描

本文作者

杰弗里·K. 瓦里斯

波指代多种事物，但在物理学中，波是振动，包括从小尺度到大尺度的振动，它通过空间或物体传递能量。

MARE MEDI
AFRI
LIBIA
CALABAR
MINA
MANICONGO
EQUINOTIALE
CAPRICORNO
MANGADA
MARE MAGADAZO
NASPERANZA
CAPO DE

1898年12月28日
出生于瑞典斯德哥尔摩

1918年
毕业于斯德哥尔摩大学数学、力学和天文学专业，时年19岁

1919年
加入位于挪威卑尔根的挪威地球物理研究所，追寻对气象学的兴趣

1921年
回到斯德哥尔摩大学，学习数学物理学

1923年
发表第一篇科学论文，题目是《大气中运动不连续的起源》

1926年
来到美国，加入位于华盛顿特区的美国气象局

1928年
加入麻省理工学院新设立的空气动力工程系

1939年
被任命为美国气象局副主任，并成为美国公民

1939年—1940年
撰写了数篇重要的科学论文，包括我们现在所知的罗斯比波的基本公式

1947年
成为斯德哥尔摩气象学研究所的负责人

1948年
开始在瑞典待更长的时间，在他的帮助下瑞典建立了全国性的气象服务部门

1955年
发表了一篇论文，重新激活了大气化学这一领域

1956年
《时代》杂志在12月那期发文称赞他对气象学的贡献

1957年8月19日
在瑞典斯德哥尔摩去世

人物传略：卡尔·古斯塔夫·罗斯比

CARL-GUSTAF ROSSBY

瑞典、美国双国籍的气象学家卡尔·古斯塔夫·罗斯比创造性地提出了一种全新的关于大气行为的理论。罗斯比通过把航空工程的观点同当时正在出现的数值气象学结合起来，提出了大气中大尺度波的概念。这种波的跨度与地球圆周相比小不了多少，它逐渐在地球周围形成波痕。这些波对天气有较大的影响，尤其是在中纬度地区。由于把风速和压力变化相结合的数学公式制约了这些波的行为，所以罗斯比的工作对现代计算机化的天气预报有很大的贡献。

罗斯比出生在斯德哥尔摩，他在这里学习数学和物理，然后在位于卑尔根的地球物理研究所谋得了一份工作，此时气象科学正在飞速地发展。他从卑尔根来到莱比锡。1921年的大多数时间他都待在林登堡的气象站里。为了提高自己对高空空气数据的理解，他回到斯德哥尔摩学习数学物理学。为获得自己的学习费用，他为瑞典气象和水文局工作，该机构还服务于北大西洋探险船队的研究。

1926年，罗斯比获得了美国-斯堪的纳维亚基金会提供的奖学金来到美国，并为美国气象局工作。此后他在麻省理工学院获得了一个职位，在这里他开办了美国第一个专门面向大学的气象学课程，并提供首个民用航空天气预报服务。罗斯比在航空工程系的工作和岗位让他能看到流体力学和热动力学中关键物理概念在气象学中的实用价值。

工程上的影响使得罗斯比为气象学作出了两个史无前例的贡献。他的第一个贡献发表于1939年，其内容是支配行星尺度的罗斯比波在通过大气时速度的公式，并提出了该速度与风速、纬度和波长的关系。第二个贡献是他于次年提出的正压涡度这个数量，当空气在周围流动时，这个数便被大气确定了。这个数值描述了一定量的空气在地球周围流动时的旋转方式。数学家约翰·冯·诺依曼后来在早期的计算机程序中将罗斯比公式用于天气预报。

二战期间，罗斯比协助组织对军队中的气象工作者进行系统培训。战后，他在美国和祖国瑞典两地生活，他通过广泛的合作提升人们对大气的理解，其中包括急流和大气中的罗斯比波。

罗斯比在晚年时研究大气化学，但他的名字将永远同气象学和形成天气的全球尺度大气波联系在一起。

莱昂·克里福德

阻塞高压、热浪和寒潮

3秒钟速览

在阻塞高压的影响下，世界上原本拥有海洋性气候的地方呈现明显的大陆性气候的特征，即冬天冷、夏天热。

3分钟扩展

阻塞高压让天气系统无法靠近，但这些天气系统对于阻塞高压的存在却非常重要。阻塞高压通常是由深度较大的气旋引发的，这种气旋速度减慢，并将亚热带的空气向极地推进。这种亚热带空气比此区域内常见的空气要旋转得慢一些，所以它便形成了反气旋，即高压系统。此后，靠近阻塞高压的天气系统将更多的空气推向极地，从而使得阻塞高压势力变强。

阻塞高压是一个大型高压系统，它位于北欧区域的上方，通常停留的时间较长。它的名字揭示了这样一个事实，即它就是要阻拦来自大西洋的盛行西风和风暴。通常在阻塞高压的南部是低压，且在高压和低压之间有东风存在。这种高低压模式在高纬度地区势力更强，而西风急流则分裂成数个分支，深入这个阻塞高压的南北方向。当阻塞高压出现且西风被东风所取代时，西欧的天气便不再受到大西洋的影响，而是受到欧亚大陆及其他地区的强烈影响。阻塞高压导致出现寒冷干燥的冬季和炎热干燥的夏季。由于阻塞高压通常持续一周或更长的时间，于是便在冬季形成寒潮，在夏季形成热浪。欧洲处在北大西洋急流和风暴路径的下游终点，这里常常出现阻塞高压。在冬季，阻塞高压也出现在位于北美西部的北太平洋急流的终点和新西兰以西的澳大利亚急流的终点。

相关主题

急流 38页
风暴路径 40页

本文作者

布莱恩·霍斯金斯

当阻塞高压出现在一个区域时，某种相同的天气将持续一段较长的时间，也许长达数周，天气可能是极热或极寒。

哈得来环流圈

3秒钟速览

但凡上升的空气肯定会下降。空气上升发生在潮湿的热带地区，而空气下降则发生在亚热带沙漠地区。

3分钟扩展

哈得来环流圈描述了一般的环流。但在全世界，环流有较大的变化。印度夏季季风的上升有一部分被地中海空气的下降所补偿，于是便产生了干燥炎热的夏季。大西洋热带地区和东太平洋的降雨地区位于赤道以北，在夏季甚至位于南半球，于是赤道上的运动就出现在与哈得来环流圈相反的方向上。

在北半球的夏季，在其大部分地区同季风有关的热带北部会发生强降雨，强降雨同较大范围的雷暴和通常上升的空气有关系。此时，在热带的南部和亚热带，空气是下降的，通常非常干燥。上升和下降的空气必须有个去处，以填补环流。通常在较高的位置有从北向南的大气运动，而在较低处则有从南向北的大气运动。低处的大气运动因科里奥利力而转向，成为南半球冬季强劲的东南信风。这种状况在南半球的夏季会发生逆转，夏季会发生降雨，在较高位置有朝向北半球的上升运动，然后会在较低位置发生朝向南半球的下降运动，形成东北信风。在春秋两季，上升运动离赤道更近，空气在南北半球的亚热带都会下降。在高度和纬度方面的一般环流被称为哈得来环流圈。在南北半球纬度为25~35度的地区，下降和少雨的运动占据了一年中的大部分时间，这就是世界上大多数沙漠都位于这些纬度的原因。

相关主题

科里奥利力 26页
信风 50页
季风 54页

3秒钟人物

乔治·哈得来
1685—1768
英国科学家，他提出了地球每个半球的大气环流模型，该模型对信风进行了解释

本文作者

布莱恩·霍斯金斯

哈得来环流圈是热带地区空气的大循环。它推动来自亚热带的水汽，产生了世界上大多数的干旱地区，并给热带地区带来了大量的降水。

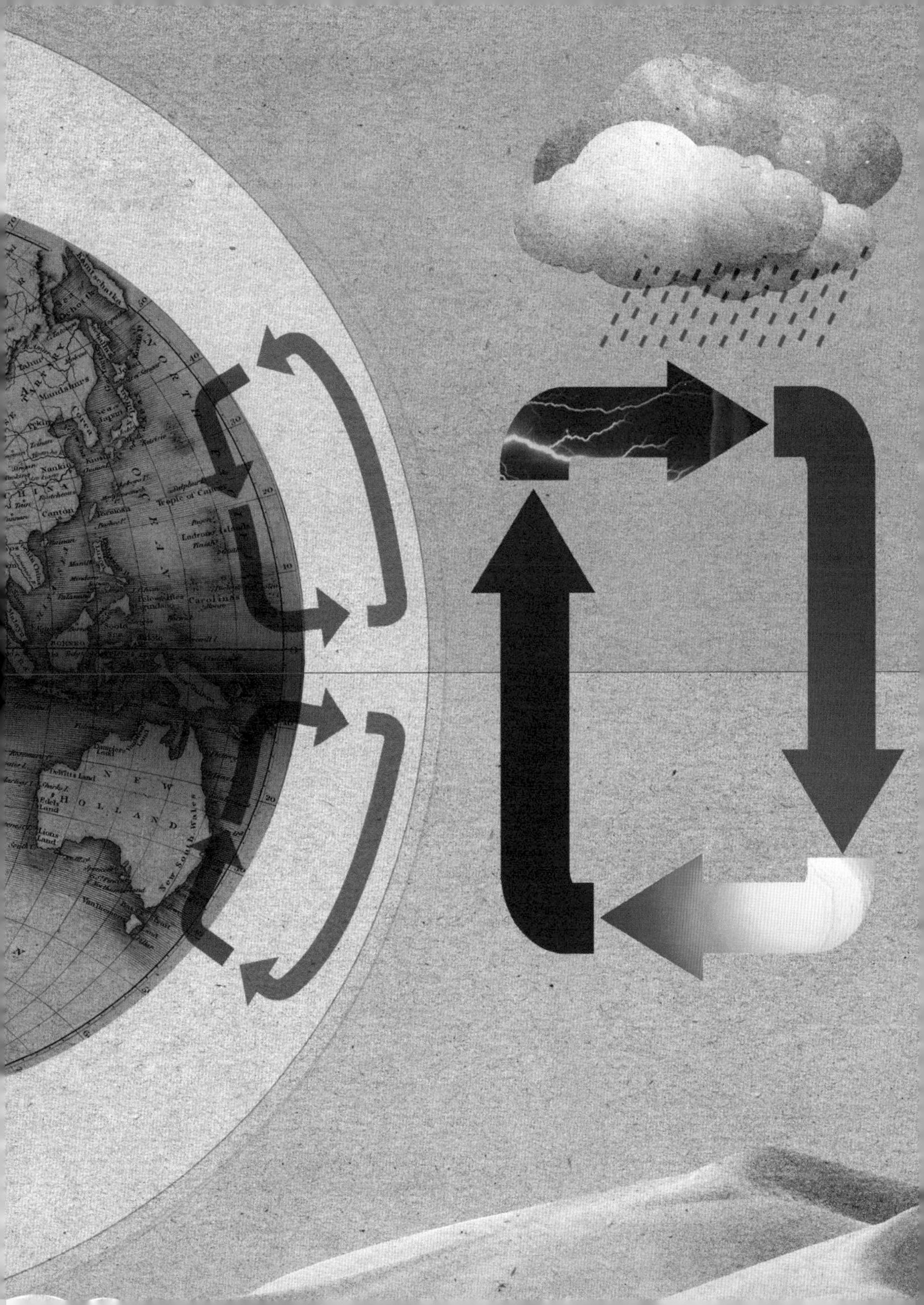

Mandshurs
Corea
Nankin
Canton
Tropic of Cancer
Carolinas
N E W
H O L L A N D
New South Wales

信风

3秒钟速览

信风稳定的微风为从欧洲出发前往美洲的船员提供了可靠的路径。

3分钟扩展

在信风的中部靠近赤道的位置，存在着“赤道无风带”，在这个狭窄的带状低压区域里，风很平静。船员们害怕经过无风区，因为船只会在这里无目的地漂流数周，而通常水和食物又越来越少。在纬度30度附近的热带地区的边缘之外，是“副热带无风带”，这是另外一个相对安静的环形带。

在南北半球有三个风流带，即中纬度风流带、近地面西风带以及极地和热带地区的近地面东风带。在热带地区，这些稳定的微风被称为信风。信风离开热带后，在每个半球纬度为30度的地区，从东方吹向赤道，在北半球风向为东北方向，在南半球风向为东南方向。连克里斯托弗·哥伦布也知道信风，他曾利用信风加快自己前往新世界的旅程。信风的力量来自地球的旋转。热空气在赤道附近上升，而地表附近的风则汇聚起来为上升的运动提供动力。当风吹向赤道时，它们受到科里奥利力的作用，便在北半球向右转向，在南半球向左转向。这个过程为信风提供了向东的流动。在南北两个半球，信风在冬季时势力最为强劲，与切断中纬度地区西风的天气系统导致的干扰相比，信风的特点是相对稳定。

相关主题

科里奥利力　26页
风的平衡　28页
哈得来环流圈　48页

30秒钟人物

马修·方丹·莫里
1806—1873
美国海洋学家，他为信风、其他空气流和洋流绘制了详细的图表

本文作者

达尔甘·弗莱尔森

在以帆为动力的时代，信风是船员的盟友，而无风带的平静在航海中就等同于在溪流中没有桨。

N
W
E
S
CANCRI
MAR DEL NORT
AFRICA
Agi
Tymba
Caribana
Tisnada
Pe ru
Amazones
Brasil
OCEANVS AE THIOPICVS
Trinidad
Manicongo
DEL ZVR
Rio de la Plata
Chica
Chile
Terra del Fuego
Psitacorum regio
200 210 220 230 240 250 260 270 280 290 300 310 320 330 340 350 360 10 20 30 40 50 60 70 80 90
TERRA AVSTRALIS

雨季

3秒钟速览

在一些热带区域，持续数月几乎从不下雨，然后突然下起瓢泼大雨来，于是雨季便到来了。

3分钟扩展

云的迁移带和对流暴风的位置被称为热带辐合带，它通常落后于头顶上太阳的相对位置达一至两个月。热带辐合带对很多热带地区的降雨频率和强度有剧烈的影响，其形成的积云及与其相关的积雨云能翻腾高达16千米，给在高处飞行的航空器形成可怕的障碍。

如某一地区年降水的大部分出现在不超过两个月的固定时期中，这个时期便被称为雨季。例如，热带地区通常有多个雨季，一般是在季风季节的夏季，如在西非和东南亚的有些地区，每年有两个雨季。热带雨季与在赤道处环绕地球的云带和雷暴带有关。在这个被称为热带辐合带的云带和雷暴带，地表受太阳照射升温最大，在这里太阳在天空的路径位于其最高处。这意味着，在北半球的夏季热带辐合带运动约800千米来到北半球的热带，而在南半球的夏季则来到南半球热带。来自太阳的热量使海洋温度升高，而温度升高的海水又使其上方的大气温度上升。它导致海面上水汽蒸发和强烈的上升运动，形成了构成热带辐合区的云和雷暴。当热带辐合区的云带经过陆地上方时，便出现了雨季，因热带辐合带向北和向南运动，因此很多地区会出现两次雨季。

相关主题

云　10页
雨　12页
季风　54页

3秒钟人物

埃德蒙·哈雷
1656—1742
英国天文学家，他于1686年提出海洋受到太阳加热是形成热带天气的主要推动力

本文作者

莱昂·克里福德

在白天，陆地上的升温比在海洋上要迅速得多，因此，下午下大雨是热带天气的特征之一。

季风

3秒钟速览

季风是地表受到太阳照射温度升高（加热程度不均匀）推动形成的季节性风。它们通常与雨季的开始相关联。

3分钟扩展

亚洲季风是数百万年以前地球深处的地质运动帮助形成现在天气的一个例子。陆地和海底沉积处发现的证据以及计算机模型试验都表明，亚洲季风的演化与喜马拉雅山的形成和约5千万年前青藏高原的抬升是密不可分的。

季风由使地球表面温度上升的太阳推动形成，通常从一个较寒冷的区域吹向较温暖的区域。在较温暖的地方，受太阳照射温度升高的地表加热了其上方的空气，使地表空气上升，于是引来更多温度较低的空气，从而维持了这种空气流动的模式。印度次大陆的夏季季风从五月持续至九月，从海上吹向东北方向处于炎热夏季的大陆，并从西南方的印度洋带来了湿润的空气，从而导致强降雨。印度的夏季季风特别强劲，原因是陆地强烈的加热效应，这种加热效应在某种程度上是因为喜马拉雅山阻挡了冷空气南下。印度还在每年十月和次年三月之间有势力较弱的冬季季风，将来自中国内陆的干燥空气送往整个南亚次大陆，但喜马拉雅山还是阻挡了大部分的风抵达沿海地区。东南亚的冬季季风将中国南海的潮湿空气带到印度尼西亚和马来西亚，造成了显著的降雨。类似的风系统也出现在北美、南美、澳大利亚北部和西非。

相关主题

风的平衡　28页
信风　50页
雨季　52页

3秒钟人物

希帕罗斯
活跃于公元前1世纪
希腊探险家和航海家，被罗马作家老普林尼认为是首个记录下印度洋季风路径的人

亨利・弗兰西斯・布兰德福德
1834—1893
英国气象学家，他研究了印度的季风。他成功地预言了1885年因一场季风降水未能到来所导致的干旱

本文作者

莱昂・克里福德

季风通常由较寒冷的地方吹向较温暖的地方，塑造了印度和东南亚大部分地区的天气。

平流层极地涡旋

3秒钟速览

在冬季，在地球两极处南北半球各自的平流层空气流动都很强势，影响了天气以及臭氧空洞的形成。

3分钟扩展

平流层是地球天气上方的大气层，此处空气十分干燥。平流层的大部分都没有云，当然也就没有雨。极地涡旋非常寒冷，但仅存的少量水蒸气有时候冷凝成所谓的平流云。这些稀薄的云因其色彩斑斓呈珍珠状因而也被称为珠母云。

大气中速度最快的全球尺度的风并不与海洋风暴或美洲的龙卷风走廊相关，而是处在平流层高处，其高度为10~50千米。这里的风速通常超过250km/h，与最强飓风的风速类似。它们在冬季时一直围绕着地球两极旋转，形成了巨大的气旋，被称为平流层极地涡旋。极地涡旋发生的原因是平流层中含有臭氧，臭氧吸收来自太阳的热量，但在极地的冬季，太阳有数个月都不会升起，导致极地的平流层变得特别冷，温度低至−85℃，这比有太阳照射时冷得多。这样的温差导致在极地涡旋附近产生强风，也意味着极地涡旋仅发生在冬天。在涡旋周边快速移动的风也将空气包围在其内部，这在南极臭氧空洞的形成方面至关重要。但在北极，涡旋没有在南极那么强大，在某些冬季，涡旋被扭曲或者突然分解，从而对北极和中纬度地区的地面天气产生了影响。

相关主题

大气分层 6页
风的平衡 28页
急流 38页
臭氧空洞 96页
平流层爆发性增温 140页

3秒钟人物

莱昂·菲利普·泰瑟朗·德·波尔
1855—1913
法国气象学家、物理学家，首先使用了无人气球，并发现了平流层

本文作者

杰夫·奈特

冬季在地球两极形成的强劲的平流层涡旋在消除极地臭氧层方面发挥了关键作用。

ATLANTISCHER OCEAN
Capstadt
Tristan da Cunha
Diego Alvarez
C. Agulhas
Cap Strom
Bouvet I.
Marion u. Prinz Eduard I.
Crozet I.
Süd Georgien
Shag Rocks
Montevideo
Rio de la Plata
Buenos Aires
Bahia Blanca
Patagones
S. Matias Golf
Santiago
Valdivia
I. Chiloe
Juan Fernandez
Mas-a-fuera
I. Wellington
Falkland I.
Staten I.
C. Horn
Süd Orkney
Weddell
Süd Shetland I.
Meer
Coats L.
Enderby Quadrant
Enderby L.
Kemp I.
Kerguelen
Mc. Donald I.
Heard I.
St. Paul I.
Neu Amsterd.
Adelaide I.
Alexander I. Land
Weddell Quad.
Unerforschtes Gebiet
Peter I. I.
Belgica 1898
Süd-Pol
ANTARKTISCHES FESTLAND
Gauss B.
K. Wilhelm II. L.
Repulse B.
Knox Land
Budd L.
Sabrina L.
North L.
Clarie L.
Adélie L.
Victoria Quadrant
Wilkes Land
Ross Quad.
Kg. Eduard VII. L.
Ross Meer
Dougherty I.
Scott I.
Balleny
Peacocks B.
Ringgold Knoll
Young I.
Äusserste Packeisgrenze
King George Sound
Albany
Cap Leeuwin
Recherche Archip.

太阳

太阳
术语

大气阻力（atmospheric drag） 地球的大气延伸至我们很多人认为是空间的地方，这可以从大气对绕地卫星轨道的效应看出来。在300千米的高度，有一些低轨道的地球卫星在运行，这里的空气尽管非常稀薄，但仍有足够的稠密度在卫星围绕地球转动时形成阻碍。这种阻力被称为大气阻力。

极光（aurora） 在南北半球高纬度地区晴朗的夜空中能看见的波纹状彩色光。极光产生的原因是太阳释放出的带电粒子受到地磁场的作用进入地球两极。这些带电粒子同高空中的空气原子相撞，产生了释放光线的原子，于是产生了极光。在太阳活动的高峰时期，在低纬度地区可看见极光。

布罗肯幽灵（Brocken spectre） 在云顶或雾上投射的大型幽灵般的阴影。当太阳位置低并在观察者身后时，登山者可在山顶或山脊上看到它。云层之上的飞机也能看到它。布罗肯幽灵是经雾投射的观察者的阴影。由于云中缺少视角、没有视觉参照点的原因，产生了远处大型幽灵的假象。它通常与阴影周围的彩色光环有关，从观察者的视角看，阴影位于与太阳正对的点的中心，从而让人看到超自然的景象。布罗肯幽灵的名字来源于德国的布罗肯峰，在这里人们第一次记录了这种现象。

电晕/日冕（corona） 电晕是大气中的一种光学效应，由部分遮盖了太阳或月亮的薄云所形成。它们看上去是彩色的同心环，类似模糊的圆形彩虹，蓝色在最里层，红色在最外层。当光线通过组成云的冰晶时，发生折射，于是出现了电晕。在月满时最有可能看到月亮的电晕。

纬度和经度（latitude and longitude） 纬度是地球上的一点、地心和赤道之间的夹角，赤道是将地球分为南北半球的水平面。纬度越高，这个点的位置便越南或越北，且更靠近地球两极中的一极。纬度用度来进行度量，其值在−90°（南极的纬度）和90°（北极的纬度）之间，0°是赤道的纬度。经度是位于相同纬度的地球上一点、地球的轴和格林威治子午线（定义东西两个半球的垂线）之间的夹角。当纬度和经度（以东西表示）相结合时，地表上某点就得以精确定位。

折射率（refraction/refractive index） 当光从一种材料进入另一种具有不同折射率的材料时，光线会发生偏折。某种材料的折射率是光在真空中的速率与光在这种材料中速率的比值。当光依次通过具有不同折射率的材料时，光的速度发生变化，导致光发生偏折。密度会影响一种材料的折射系数。空气随着高度增加而变得稀薄，因此其折射率随着高度发生变化。这意味着，当光从大气上方密度较小的空气进入近地面密度较大的空气中时，大气中的光线会发生折射。这种效应会扭曲靠近水平面的太阳和月亮的形象。大气中的湍流使得空气混合的密度不同，通过类似的效应，产生了星星闪闪发光的现象。

太阳常数（solar constant） 太阳的能量产出大约是恒定的，而地球的轨道接近圆形，所以到达地球的太阳能也应当是大约恒定的。太阳常数是每秒钟落在与光线垂直的一平方米的面积上的太阳能的平均数量，以焦耳/秒或瓦特为单位。太阳常数的测量值为$1.36kW/m^2$，其变化远低于百分之一，即使在太阳最活跃和最不活跃的时期也是如此。

太阳能（solar energy） 太阳能为天气提供能量，也是气候系统最终的热量来源。在气象学中，太阳能是太阳释放的能量中被地球吸收的那部分。太阳能是通过核聚变过程在太阳内部产生的，以光和其他电磁辐射的形式来到地球。到达地球的太阳能中的X光和紫外线被地球大气吸收，剩下的太阳能要么被地球表面吸收，要么被云和冰反射回太空中。太阳能这个术语也适用于从太阳中捕获太阳能的设备产生的电或热。

蓝天

3秒钟速览

空气中的颗粒更为强烈地散射波长较短的光线，于是被散射的光线比直接来自太阳的光线看上去会更蓝。

3分钟扩展

尺寸比光线波长（λ）的十分之一还要小的颗粒，其散射的差异为$1/\lambda^4$（瑞利定律）。因此蓝色光（$\lambda \approx 400$纳米）被空气分子（直径约0.4纳米）散射的量比红色光（$\lambda \approx 700$纳米）多十倍。而对于与光线波长差不多的灰尘颗粒，散射的差异为$1/\lambda$，于是红、蓝光的散射差异会降低至不到两倍。

天空的颜色在其出现的区域发生变化，同时随着每天天气和季节变化，从而呈现多彩的颜色。天空自身不发光，天空的颜色是由大气颗粒对阳光的散射造成的，散射的量取决于光线的波长和散射物的尺寸。位于阳光光谱中蓝色端波长较短的光，相较于位于红色端波长较长的光，被散射的量要多一些。于是来自太阳经过散射到达观察者眼睛的光中，蓝光的成分要多一些。起作用的散射物包括空气分子、悬浮灰尘、烟、云中的水滴和云滴。在晴朗的天空中，两倍的波长差异会导致小颗粒散射有16倍的差异，再加上气体分子在散射中占据着主导位置，于是天空是最湛蓝的；而在有雾的日子，空气中满是水滴，天空看上去几乎是纯白的。日出或日落附近的红色光或橙色光产生的原因是蓝色光已被散射掉。

相关主题

阳光　64页

3秒钟人物

奥勒斯·本尼迪克特·德·索绪尔

1744—1799

瑞士物理学家和登山家，他于1789年发明了基于数量化的天空蓝度测定仪，用以测量天空的蓝度

约翰·威廉·斯特拉特（瑞利勋爵）

1842—1919

英国物理学家，他首先给出了小颗粒散射的数学描述

本文作者

乔安娜·D.黑格

历史上，天空的颜色给人们提供了灵感，让画家、诗人、预言家和物理学家们陷入深思。

阳光

3秒钟速览

阳光是局部天气的重要组成部分，其在地表的强度随着季节发生变化，这还取决于云层覆盖和大气的成分。

3分钟扩展

火山喷发向空气中注入的颗粒能显著影响阳光强度。在印度尼西亚坦博拉火山爆发后，1816全年没有出现夏季，发生的变化是如此明显。人类的活动也影响着阳光，工业给空气带来的污染减少了地表接收的太阳辐射，而人类释放的氯氟烃则在大气高处产生了臭氧空洞，导致地表出现更为强烈的有害紫外线辐射。

在地球上任何一个位置的上方，决定大气顶部阳光量的因素包括纬度、一年中所处的日期和一日中所处的时间。因地轴倾斜，当地球围绕太阳以年为单位进行运动时，地球的两极轮流指向太阳，当更多的阳光照向一个半球，则另一个半球就会经历冬天。在盛夏时节（北半球），太阳在接近北极的地方几乎不会落山，且在一天中接收的太阳能总量比在赤道处还要高，而在冬季（北半球）北极处太阳不会升起。地球表面的阳光量取决于云层覆盖和大气成分，较厚的云将太阳辐射散射，灰尘或其他颗粒通过吸收或散射阳光而影响到达地面的阳光量。气象站都拥有太阳记录仪，它测量一天中太阳照射的小时数以及太阳辐射的强度。阳光因其在光合作用中发挥作用而对地球上的生命至关重要，但它也存在危险，过量的紫外线辐射会导致植物突变和人类皮肤癌。

相关主题

季节　8页
云　10页
蓝天　62页
臭氧空洞　96页

3秒钟人物

约翰·弗朗西斯·坎贝尔
1821—1885
苏格兰发明家，他发明了首个阳光记录仪，该仪器由装入木碗中的玻璃球体构成，太阳在碗中会灼烧出一道痕迹

本文作者

乔安娜·D.黑格

阳光记录仪为气象学家提供了重要的数据，地球上的生命依赖太阳，但过分暴露在太阳下也被证明是危险的。

彩虹

当仍在下雨的暴雨云在头顶经过，并且这时候太阳在它的后边出现，你可能会在暴雨的方向看见一道彩虹。它是由阳光同雨滴的相互作用产生的，形成了圆形的拱，其中心位于由太阳和观察者的连线向前延伸所形成的水平面的下方。来自彩虹的光线与这条连线的夹角约为42°。如果太阳比连线上方的这个角度要高的话，就看不到任何彩虹。日落时，彩虹形成了半圆。当来自太阳的光线进入水滴时发生折射，通过这个水滴的内部时，在水滴的远方被反射回来，从前部再次出现时再次发生折射。折射的发生取决于光线的波长或颜色，所以光线被拆分成不同颜色形成了光谱。红色光同上述连线的角度比42°稍大，蓝色光的角度比42°稍小，于是便产生了彩虹中红色在外、蓝色在内这种人们熟悉的带状分布。大一点的雨滴形成更为强烈的颜色，所以透过雾看到的彩虹通常颜色非常暗淡。

3秒钟速览

彩虹出现在天空中与太阳相对的另外一边。彩虹的颜色是由阳光在雨滴中折射产生的。

3分钟扩展

在约51°的角度上，常出现一种更大的二次彩虹，它是光线在离开雨滴前在雨滴内部受到两次反射后形成的。二次彩虹的颜色同一次彩虹相反。一次彩虹和二次彩虹之间的天空看上去更暗一些，原因是一次彩虹以较小的角度散射一部分光线，二次彩虹则以较大的角度散射一部分光线，而不是相反的情况。

相关主题

雨　12页
阳光　64页
海市蜃楼、日晕和幻日　68页

3秒钟人物

勒内·笛卡尔
1596—1650
法国作家、哲学家和数学家，他为彩虹首次提供了定量描述

艾萨克·牛顿
1642—1727
英国物理学家，他设计了一个实验来展示彩虹是如何形成的

本文作者

乔安娜·D.黑格

艾萨克·牛顿曾指出光是由彩虹的所有颜色构成的，他还通过玻璃棱镜（或雨滴）的折射将各种颜色分开。

海市蜃楼、日晕和幻日

3秒钟速览

阳光与大气的相关作用产生了震撼且美丽的景象。看看天空，看看那里的奇迹吧！

3分钟扩展

颜色耀眼的光环有时候比日晕或月晕还要靠近太阳或月亮。这些冠状物是由空气中的小水滴散射的光产生的。从山顶往下看，可能会在一层雾上看到观察者的巨大影子。这是一种“布罗肯幽灵”，可能伴随有各种色彩组成的光环，类似的鲜艳颜色围绕着影子的头部。

这三种效应是光学现象。当大气让光线发生偏折时，使得物体出现在未知的地方，海市蜃楼便出现了。光线偏折的原因是地表附近的空气由于强烈的升温或降温导致折射率发生变化。在温度高的地面，光线向上方转弯，让天空的景象（通常类似一片水域）出现在地面上。而在温度低的地面上，光线向下弯折，有时候会出现地表的形象反向出现在天空中。当天空中的冰云遮盖向外延伸时，会看见太阳或者月亮周围的日晕或月晕。冰晶的常见形态是微小的六角形棱镜，它以22°的角度散射光线，在太阳周围产生了日晕，其角半径为手掌的宽度除以手臂的长度。当有大量的云覆盖在日晕之上时，会形成一个完整的圆，但它通常在太阳的某一侧展现得最为强烈。这些显眼的斑点被称为幻日，它们是由缓慢下落的轴线为竖直的冰晶所产生的。还可能出现其他的明亮弧光和切面，包括与水平面平行在空中做圆运动并贯穿太阳和幻日的圆环。

相关主题

阳光 64页

彩虹 66页

3秒钟人物

马塞尔·吉尔·约泽夫·明内尔特

1893—1970

比利时天文学家，他的正式工作是测量太阳光度，他撰写的《户外的光和色彩》于1937年以荷兰语出版，1954年被翻译成英语，给人们提供了灵感

本文作者

乔安娜·D.黑格

光受到冰晶、水滴和其他材料的折射、反射和衍射，在天空中产生了特别的光学效应。

太阳黑子和天气

3秒钟速览

太阳黑子增多表明太阳活动加强，能量产出增加，与之相关的是地球温度的微小变化，但对局地影响却更为明显。

3分钟扩展

19世纪早期，人们使用精确的辐射计对太阳辐射的能量变化是否与太阳黑子数量相关这一问题进行了研究。人们没有发现二者一致的关系。辐射通量一般被称为“太阳常数”。自从发射搭载辐射计的卫星以来，人们在大气之外进行了测量，发现当太阳黑子增多时，太阳辐射会稍微增强。

太阳黑子是太阳表面的小型黑色区域，其尺寸小到数千米，大到地球直径的数倍。单个太阳黑子可持续数周，当其每27天旋转一次时，看上去就像是其在整个太阳表面移动。太阳黑子的数量呈周期性变化，其长达11年的太阳周期在9~13年之间变化。在最小周期时太阳黑子数量很少，而在最大周期时太阳黑子的数量会超过200个。偶尔太阳会进入“极小期”，1645年—1715年的蒙德极小期是太阳不活跃时间较长的时期，此时数量很少的太阳黑子持续了数十年的时间。自蒙德极小期之后，太阳释放的总能量增加了很小一部分，自此地球平均表面温度有略微的增加，不超过0.1℃。局部的效应可能会大一些，证据包括当太阳更为活跃时，中纬度地区的风暴路径稍向极地方向移动，而在太阳不活跃的时期，西欧便会经历比通常更冷的冬季。如果下个世纪太阳又一次进入极小期，那么产生的全球变冷对目前高速发展的全球变暖的抵消作用将会很小，因为人类制造的温室气体浓度还在不断上升。

相关主题

空间气象　74页
气候历史和小冰期
122页
米兰科维奇旋回
126页

3秒钟人物介绍

威廉·赫歇尔
1738—1822
天文学家，因发现天王星和红外照射而闻名，但因研究太阳黑子和小麦产量的关系而受到人们的嘲笑

杰克·艾迪
1931—2009
美国天文学家，曾提出太阳活动同全球气温的关系

本文作者

乔安娜·D.黑格

古代中国人和希腊人曾观察到的太阳黑子现在可被卫星搭载仪器监控。

1868年6月14日

出生于英格兰兰开夏郡的罗奇代尔

1884年

毕业于伦敦大学冶金学专业

1889年

沃克成为剑桥大学应用数学专业最高等级的毕业生，并在次年考试中名列首位

1904年

成为印度气象台的负责人。后来在印度气象局的印度季风部门工作。被选为英国皇家学会会员

1909年

在喜马拉雅山降雪和近期（当时）全球气压观测数据的基础上发表了关于印度季风的第一次统计预报

1911年

获得“印度之星”骑士勋章

1918年

以主席的身份在印度科学大会致辞

1924年

与同事爱德华·布里斯一起，发表了关于全球天气相关性的奠基性论文，并发明了现在常用的名称，如“南方涛动”和“北大西洋涛动”。被授予爵位，回到英格兰，被任命为伦敦帝国学院数学教授

1926年-1927年

担任英国皇家气象学会会长

1934年

被授予英国皇家气象学会西蒙斯金质奖章，以表彰他对气象科学所做的贡献

1958年11月4日

在英格兰萨里的寇斯顿去世，享年90岁

2001年

印度气象学会将首枚吉尔伯特·沃克爵士金质奖章授予贾格迪什·舒克拉教授，以表彰他在印度季风方面的研究

人物传略：吉尔伯特·T. 沃克

GILBERT T. WALKER

吉尔伯特·T. 沃克于1868年出生在维多利亚女王时代的英格兰，此时正值工业革命。他的父亲是一名工程师，全家搬到了伦敦。吉尔伯特在伦敦上学时成绩优异，他在数学上的天赋尤其明显。他于1884年从伦敦大学毕业，然后前往剑桥大学三一学院。他于1891年成为三一学院的研究员。吉尔伯特对旋转陀螺以及各种会飞的东西非常着迷，以至于当他还在剑桥的时候，人们便给他取了个绰号“飞去来的沃克”。他甚至发表了关于飞去来器、鸟类飞行、高尔夫和台球等运动和游戏的物理学论文。

吉尔伯特于1904年成为印度气象部门的负责人。他很快意识到先前对印度季风进行的长期预报并非建立在坚实结论的基础之上。他的观点在稍后的讲话中得到了总结，他说“我认为世界天气的关系如此复杂，以至于我们对其进行解释的唯一机会是通过经验积累事实”。于是吉尔伯特开始系统性地收集他可以获得的关于印度季风和全球天气的观测数据。他同助手一道，在喜马拉雅山降雪和全球气压观测的基础上，创立了印度季风的统计预报模型，并在1909年发布了自己对印度季风的第一个预报。

第一次世界大战的爆发延缓了次年的工作进展。此时，吉尔伯特协调数名印度气象部门的员工，组成了“人工计算机”，对印度季风和全世界的天气进行进一步的统计计算，这便是现在气象学家所开展的数值计算机模拟的前身。

吉尔伯特和一位同事在1924年发表的成果，是他对气象学的贡献中最被人们所铭记的。他对多年世界天气观测数据进行了精细处理，对全球各种天气模式的关系进行了计算，让他能够对世界天气变化的主要模式进行描述。他发明了“南方涛动”和“北大西洋涛动”等术语，还描述了赤道太平洋地区的深度大气流动，即现在所说的“沃克环流”。吉尔伯特·沃克开创的气象学基础为他赢得了骑士爵位，并引发了后来使用南方涛动及其与厄尔尼诺的关系进行长期预报方面的突破。

亚当·A.斯凯夫

空间气象

3秒钟速览

太阳风暴制造了突发带电粒子和辐射，它们能到达地球，从而影响了地球大气和现代科技。

3分钟扩展

预测空间气象的一项新工作，便是要减缓其破坏效应。太阳粒子到达地球的时间从几分钟到几天不等，于是处在太阳和地球之间的航天器可提供充足的预警时间，至少可以为传播速度较慢的太阳活动提供足够的预警时间，让敏感的系统可被关闭或得到保护。人们正在开发上层大气的计算机模型来预测其影响。

在历史上，高纬度地区的天空中出现的极光引发了人们的幻想，但直到20世纪人们才了解到极光是由太阳释放的粒子产生的。来自太阳风的带电粒子常常将地球包裹起来，由于它与地球磁场的相互作用，便进一步来到大气中靠近极地的位置。太阳风的变化是由太阳风暴、太阳耀斑和粒子发射引起的。这些现象是间歇性的，但当太阳接近其11年太阳黑子周期的峰值时常会变得更加频繁。这样的现象对地球环境产生各种各样的影响，术语称之为空间气象。在地表处，它们改变地球的磁场，使指南针明显出现方向变化并产生电流，导致传输线路和变压器出现问题。磁场的突然变化影响了大气上层通过的电流，从而通过电子设备的故障影响长距离广播信号和来自通信和GPS的信号。飞行员和航天员受到辐射危险增大的威胁，而太阳加热效应的变化则影响了大气阻力，从而影响了航空器的轨道。

相关主题

太阳黑子和天气
70页

3秒钟人物

理查德·卡林顿
1826—1875
英国业余天文学家，他于1859年对太阳耀斑进行了第一次观察，并提出它与第二天地球上测得的地磁风暴的关系

尤金·帕克
1927—2022
美国天体物理学家，他发现并命名了太阳风

本文作者

乔安娜·D·黑格

太阳是一个活跃的星球，它周期性地释放太阳粒子，可产生视觉效应和地磁风暴，并导致地球上电网、导航系统和通信系统的中断。

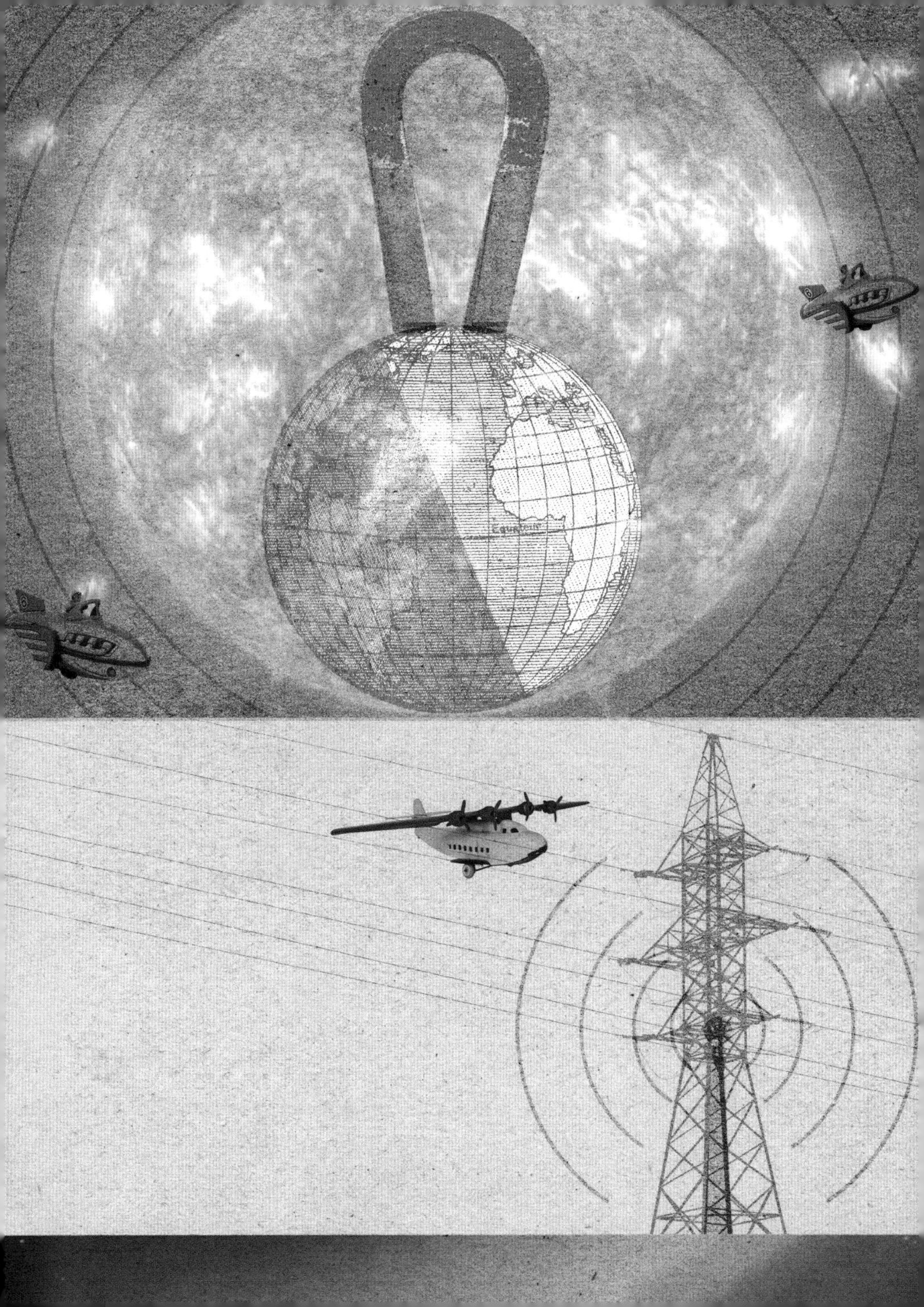

天气观测和预报

天气观测和预报

术语

电磁辐射（electromagnetic radiation）　一种能量形式，以电磁场变化的术语来描述。太阳释放的能量大多数呈现电磁辐射的形态。它以光速传播，将来自太阳的能量传递给地球。不同种类的电磁辐射是由其波长（或颜色）和频率来区分的。波长越短，其频率便越高，反之亦然。电磁辐射的最小单元是光子。波长较短、频率较高的光的光子，比波长更长的光的光子携带更多的能量。不同的大气气体以不同方式传播和吸收不同波长的电磁辐射。二氧化碳对可见光是透明的，但吸收红外线。臭氧吸收紫外线但传播可见光。当大气吸收电磁辐射时，它获得了此辐射的能量，从而使温度升高。

大气环流模型（General Circulation Models，GCMs）　用于模拟地球天气和气候的数学模型。它们将大气和海洋当成旋转球体之上的流体，其行为遵守物理学定律，尤其是力学、水动力学和热动力学公式，每秒钟进行数百亿次的计算。大气和海洋都有环流模型，可结合起来模拟由大气和海洋组成的系统。大气环流模型构成了现代计算机天气预报和气候预测的基础。

长波辐射（long-wave radiation）　它是地球温暖表面和大气中温度较高区域辐射的热量。它的波长较来自太阳的可见光和紫外线的波长要长，后者被称为短波辐射。长波辐射是不可见的红外辐射，但它是一种与光线和无线电波类似的电磁辐射。地球表面吸收外来的阳光，导致地球表面温度升高，并释放红外光。地球释放的热量的一部分被云所吸收，然后又被向上和向下再次辐射，向下辐射的部分帮助地表在阴天时保持温暖。一部分热量被大气中的二氧化碳和其他温室气体吸收，也再次被向上和向下辐射，这就是让地球温度上升的温室效应。地表释放的辐射的一部分最终逃向太空，被称为逃走的长波辐射。

微波辐射（microwave radiation）　微波是一种电磁辐射。微波是频率高、波长短的无线电波，频率在300MHz和300GHz之间。频率在20GHz以上的微波被空气中的水滴、水蒸气和其他大气气体吸收。大气中的氧气释放微波辐射，大气的温度越高，空气中的氧气释放微波的强度就越大。这种现象让卫星可以使用微波侦测仪器测量大气的温度。

数值天气预报（Numerical Weather Prediction，NWP） 使用数学公式，将适用于大气的物理学定律编制成计算机代码，来预测天气从其现在状态起随时间如何变化。原则上，这些计算可由人工完成，但要进行有意义的天气预报所需要的计算量太大，因而需要计算机和大气环流模型。数值天气预报是由刘易斯·弗莱·理查森构想出来的。1950年美国军队的ENIAC计算机制作了首个由计算机进行的24小时数值天气预报。

平流层（stratosphere） 地球大气中高度在海拔12千米至50千米之间的层。平流层在地极处更接近地球表面，海拔约8千米，在赤道处较高，海拔约18千米。平流层的空气温度极低、稀薄且干燥，保护我们免受太阳紫外线伤害的臭氧层，其大部分位于平流层。与高度较低的大气不同，平流层的空气温度随着高度增加而增加，其原因是臭氧的加温作用。臭氧吸收紫外线的能量后使空气温度升高。

对流层（Troposphere） 大气的最低一层，我们经历的大多数天气都在这里发生。对流层的范围为海平面到平流层的边界，平流层海拔约为12千米，在赤道处较高，在两极处较低。对流层包括75%左右的大气总质量和几乎所有的水蒸气。对流层空气的温度和空气中水汽的含量随着对流层中高度的升高而降低。

天气记录

天气记录是对天气事件的测量和描述。过去天气只采用书面的形式进行收集，现在则通常记录在大型数据库中。天气记录要真正有用，必须认真地对其进行修正，移除错误，这些错误可能来自原始测量数据或数据交换使用的代码。天气记录对于研究气候至关重要，气候是数十年或更长时间里天气的平均统计数据，代表了天气的变化。天气记录其他的作用是为天气预报提供初始数据。天气预报是商业活动和政府的运营和规划所需的大量服务的基础。1853年，一场国际会议创立了现行测量海洋上空天气数据的国际协作，推动其产生的原因是随着贸易的发展，暴风导致的损失在不断增加。现代天气记录是通过安装在地面、浮标、固定在海里的船只、轨道卫星和地球同步卫星上的测量仪器得到的，这些仪器的数据有些是连续记录的，通过由联合国所属的世界气象组织的全球电信系统，以特殊的编码在各国之间进行近乎实时的交换，也通过《世界天气记录》等国际出版物或互联网进行延时交换。

3秒钟速览

天气记录多种多样，常见的包括气温、降雨、降雪以及风速和风向。

3分钟扩展

较早的天气记录已经丢失了，它可能记录了降雨，用于公元前四世纪左右的印度对农业产出进行征税。现在最早的大规模天气记录是1337年—1344年由英格兰人威廉·莫尔记录的，持续时间最长的天气记录是英格兰米德兰兹的天气记录，始于1659年。其他地方如荷兰的德比尔特、瑞典的斯德哥尔摩和美国的费城，都拥有时间非常长的天气记录。

相关主题

气压、气旋和反气旋　24页
天气预测　86页

3秒钟人物

马修·方丹·莫里
1806—1873
他于1853年在布鲁塞尔组织了一次国际会议，协调在海平面上进行风和其他大气的测量工作

戈登·曼利
1902—1980
英国气象学家，他建立了英格兰中部的气温记录，这是世界上最长的连续天气记录，始于1659年

本文作者

克里斯·K.富兰德

从早期的地面和海面测量记录到最近的卫星数据，天气记录对于监测天气和开始预报至关重要。

1917年1月1日
出生于美国加州旧金山

1940年
在加州大学洛杉矶分校获得数学硕士学位

1946年
获得加州大学洛杉矶分校气象学博士学位

1946年
在芝加哥大学工作一年，跟卡尔·古斯塔夫·罗斯比是同事

1946年
遇到约翰·冯·诺依曼

1947年
发表重要文章，提出全球气温差异对大气波的影响

1948年
发表重要文章《关于大气运动的尺度》，提出了地转涡度公式

1948年
加入普林斯顿的研究所，与冯·诺依曼的电子计算机项目合作

1949年
发表重要文章《关于大气中大尺度运动预测的物理基础》

1950年
成为使用ENIAC计算机进行首次计算机天气预报的团队的一员

1956年
成为麻省理工学院教授

1957年
为美国国家科学院气象研究所工作

1979年
担任一个委员会的主席，完成了一份关于二氧化碳对气候可能影响的报告

1981年6月16日
在美国马萨诸塞州波士顿去世

人物传略：朱尔·查尼

JULE CHARNEY

一位有良好数学基础的气象学家做出了关键性的突破，才让计算机预报天气成为可能。这位气象学家便是美国科学家朱尔·查尼。

查尼于1917年出生于美国旧金山，他在数学方面很有天赋。他在加州大学洛杉矶分校继续学习物理学和数学。在该校气象组成立后，他将自己对气象学的兴趣发展成为自己的博士论文。

查尼在英国气象学家刘易斯·弗莱·理查森之前工作的基础上进行进一步研究。理查森曾使用支配风速和气压随时间变化的水动力学差分公式来进行数值天气预报。查尼将关键的气象术语从这些水动力学公式中提取出来，从而对它们进行了改造，其成果便是地转涡度公式，这是一套简化的水动力学公式，用于计算大气中的大尺度运动，这可能会让数值天气预报更为直观。

第二次世界大战期间，正在对这些观点进行研究的查尼，参与了美国军方的工作，他负责指导军队的气象工作者，并因担任的职务而同当时多位优秀的气象学家进行了接触。此后是查尼的重要高产时期。1947年一篇以他的博士论文为基础的文章，提出北南温度上的差异是如何影响大气波动的；1948年，他发表了自己的简化水动力学公式；1949年，他指出这些公式如何构成计算机天气预报的基础。

随后，查尼在普林斯顿大学开始与计算机的先驱人物冯·诺依曼的项目开展合作，应用刚出现的电子计算机进行天气预报。经查尼修改过的水动力学公式非常适于计算机使用。查尼是冯·诺依曼小组的一员，该小组对美国军方的ENIAC计算机进行编程，在20世纪50年代制作了世界上首个一日数值天气预报。

查尼的公式成为首个大气环流模型的基础，它是目前气象学家和气候学家使用的功能强大的计算机气候模型的前身。

查尼继续为发展美国的气象事业作出贡献，他担任一个科学家委员会的主席，该委员会于1979年编制了一份重要的报告，总结了上升的二氧化碳水平对大气的潜在影响。他一生最伟大的成就还是他让计算机制作天气预报成为现实。

莱昂·克里福德

气象卫星和雷达

3秒钟速览

沿着轨道运动的卫星和地面上的雷达对天气进行着高强度的仔细观测。它们为不断变化的天气提供了一种三维图形。

3分钟扩展

能否成功预报未来数日的天气，取决于计算机模型对今天的全球大气进行精确和细致的呈现。来源自气象卫星搭载仪器的测量数据是大气数据最重要的来源，在预测精度方面已经实现了不小的提升。展示降水天气系统运动的雷达网络对于提前0~6小时的降雨预测至关重要，例如对人们决定是否让洗过的衣服留在室外很有用。

所有的物质都以电磁辐射的形式释放能量。随着温度上升，被辐射的能量总量增加，但峰值释放的波长减少。固体物质有连续的释放光谱，但气体吸收和释放的辐射波长具有选择性，出现在太阳和地球峰值释放波长处的大气基本上是透明的。因此卫星搭载的仪器能测量被云、陆地或海洋散射回去的可见太阳辐射，以及这些物体表面释放的波长更长的红外辐射，从而构成了一幅完全的图画，很类似照相机的工作原理。通过感知一系列大气呈现不同程度不透明度的波长，卫星可以“看见”不同高度的大气，侦测到气体直接释放的辐射，从而非直接地测量到大气的温度。湿度也可以通过优先选择水蒸气释放出的波长来进行估算，而不同高度的风则是通过跟踪云的路径来进行推导的。气象雷达是安放在地面的仪器，它们释放有脉冲的微波辐射，这种辐射被雨散射回来，散射量同水滴的数量和直径成比例。返回响应的延时和强度可以测定降雨的位置和强度。

相关主题

大气分层　6页

天气预测　86页

3秒钟人物

马克斯·普朗克

1858—1947

德国物理学家，因量子理论闻名，也因1900年发现普朗克函数而名闻天下

本文作者

爱德华·卡罗尔

气象卫星要么在地球两极间围绕地球运动，对下方旋转的地球有变化的视场，要么随着地球一起运动，在赤道上方高处保持一个固定的有利位置。普朗克函数让卫星测得的辐射能被转化为下方物质的温度。

天气预测

克里夫兰·阿贝、比叶克尼斯和理查森分别于1901年、1904年和1922年进行了开创性工作。自此，人们已经将预测方面的挑战用公式表示为基于地球物理环流公式的数学物理学的初值问题。通过使用数值方法对这些公式进行近似计算，预测的问题便得以解决。首个成功的计算机数值预测于1950年由查尼、弗约托夫和冯·诺依曼共同完成，他们开启了数值天气预测的研究、开发和运行应用的时代。这些重要的进展影响了其他科学学科，如20世纪60年代洛伦兹在混沌方面进行的研究工作。过去几十年预报精度增加的原因是数值方法、物理学（如云、山峰、湍流、辐射等）的数学处理、地球表面和空间观测系统的改进、计算系统等方面进步的复杂相互作用。计算机性能的提升，使得大气动力和物理过程建模中的时空解析度得以增加，从而推动了气象学科的发展。计算能力大小的每一次增加都提升了预报的精度，对经济有着巨大而多样的影响，如对飓风、洪水和暴风雪等有重要影响的天气进行紧急响应，以及对水电和风电生产的管理。

3秒钟速览

现在五日天气预报的精度同40年前一日预报的精度是一样的。

3分钟扩展

预报在向着环境预测的方向演化。环境预测让我们不仅能对大气进行预测，还能对海洋、完全水汽循环和大气构成进行预测。随着天气预报的尺度越来越大，越来越复杂。这项工作面临着极大的挑战，包括自组织的云系统、不同时空尺度的混沌行为、预测不确定性的概率估计、对稀有事件的预测以及需要更好地了解生态系统对地球物理参数变化的响应。

相关主题

刘易斯·费莱·理查森　23页
朱尔·查尼　83页
气候预测　90页
爱德华·诺顿·洛伦兹　137页

3秒钟人物

克里夫兰·阿贝
1838—1916
美国气象学家，美国国家地理学会的创建者。他基于欧拉方法设计了天气预报，该方法以《长期天气预报的物理基础》为题发表于1901年

威廉·皮叶克尼斯
1862—1951
挪威气象学家，他建立了气象学卑尔根学派。为纪念他，火星上的一个陨石撞击坑以他的名字命名

本文作者

吉尔伯特·布鲁奈特

在不到五十年的时间里，预测天气已经从艺术变成了科学。

混沌

3秒钟速览

在确定性混沌的世界里，对天气进行完美预测是不可能的。气象学家需要大量的预测以预见不同天气事件的风险。

3分钟扩展

混沌理论告诉我们，两个几乎完全相同的天气预报，其差异在开始的时候就是以指数级增加的，但物理上的限制条件如总能量守恒，表明它们不可能永远分道扬镳。当这种差异让预测失去作用时，便达到可预测性的极限了。总的来说，可预测性的极限对局部天气来说为几个小时，对陆地尺度的天气来说则长得多。

基于数学考虑，法国博学家朱尔·亨利·庞加莱于1908年总结道，天气观测上一个很小的误差会在后期的预报中变成一个巨大的误差。20世纪60年代，爱德华·诺顿·洛伦兹使用计算机和简单数值模型非常严格地研究了预测问题以及“它对初始状况的敏感性”，并建立了混沌理论。通过这项开创性的工作，现在的气象学家明白，大气是混沌的，当风暴在某处发展时，有时候不可能精确地知道其位置和时间。在现代天气预报中，由混沌产生的不确定性是通过计算多种预报估算出来的，每种预报在计算机模型和初始观测中都有着微小的差别。混沌理论指出，这些扰动在局地天气特征中会随着时间变大，最终演化成有可能出现但不同的未来天气状况。多种预测提供的好处类似集体决策较之个人观点的优势。在实际操作中，气象学家试图可靠地预测特定天气事件的可能性。现在我们可以有信心地对具有高度影响的天气进行预测，如飓风登陆、地面霜冻或降雨，它们在未来三至六天都有效。

相关主题

气象卫星和雷达 84页
天气预测 86页
气候预测 90页
爱德华·诺顿·洛伦兹 137页

3秒钟人物

朱尔·亨利·庞加莱
1854—1912
法国数学家、物理学家和哲学家，他是首个描述混沌系统行为的人。他被认为是20世纪真正的博学家之一

本文作者

吉尔伯特·布鲁奈特

在应对天气的混沌状态和气候预测时，需要开放的头脑和概率计算方法。

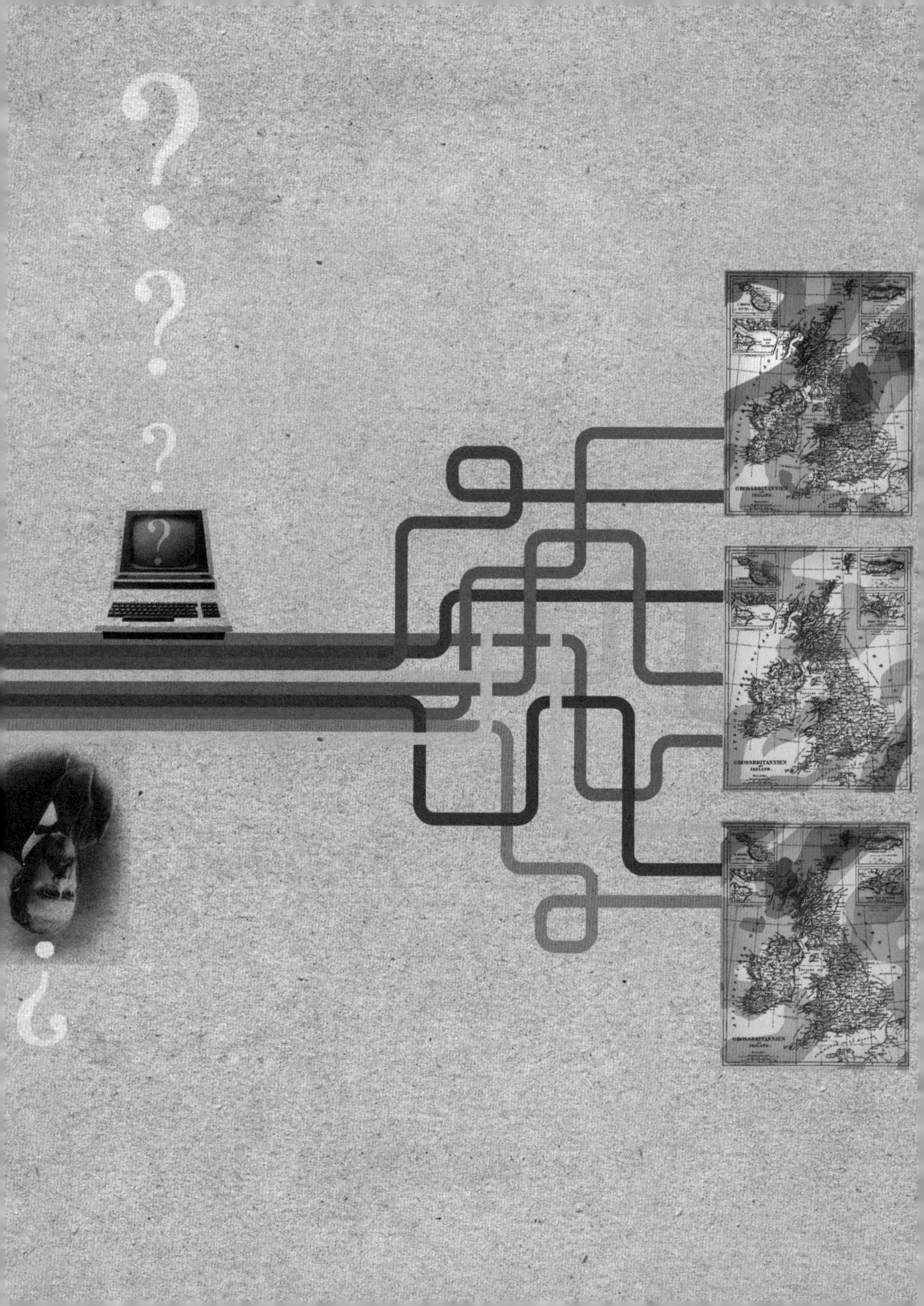

气候预测

3秒钟速览

对地球未来的气候进行预测是以气候系统的计算机模型为基础的。该模型来源于天气预报。

3分钟扩展

计算机模拟气象本质上是对未来几年或数十年的天气进行预报。尽管如此，大气的混沌使得无法对两周后的天气进行精准预报。所以气候预报并非要为未来的年份提供准确详细的每日天气信息，而是告诉人们天气的统计数据如平均气温会发生怎样的改变。

早期人们在气候预测方面的尝试主要包括寻找气象数据的简单周期，但徒劳无功。在20世纪60年代计算机天气预报问世后，现代气候预测便出现了。天气预报的计算机模型被用于通过模拟全球的天气来为未来数年或数十年的气候提供小时间隔的预测。即使是早期的模型也支持温室气体持续排放会导致气候明显变暖的观点，于是它便成为气候预测的中心焦点问题。在接下来的数十年中，模型变得更加复杂，加入了用数学表达的其他气候要素，如海洋、地面和冰盖以及化学和生物过程。这便允许对天气变化进行质量更高、更为详细的估计，如冰川融化对海平面上升的影响。气候模型的有效性已得到多次展示，例如它重建了过去一个世纪里全球气候的变化，并预测了1991年菲律宾皮纳图博火山喷发后的气温下降。尽管取得了上述成功，但挑战仍然存在，例如需要对局部中纬度地区天气模式变化的预测进行改进。

相关主题

天气预测　86页
混沌　88页
全球变暖和温室效应
98页

3秒钟人物

真锅淑郎
1931—
日本气象学家，他较早进行了针对温室气体增加效应的气候模型仿真

本文作者

杰夫·奈特

天气模型重现了当前气候的很多特征，它们都预测未来的世界会变得更加温暖。

我们可以改变天气吗

我们可以改变天气吗

术语

黑体辐射（black body radiation） 所有的物体都释放电磁辐射。该辐射的量和不同的波长组合取决于释放辐射的物体的温度。黑体辐射指的由一个与环境达到热平衡（温度稳定）的绝对黑体自发释放的电磁辐射的光谱。被释放的辐射其波长有一定的范围，当温度升高时较短波长的占比会升高。在温度较高时，物体会开始发出红色的光，然后发出黄色和白色的光，因此显得又白又亮。物体释放的辐射的光谱被用来估计它的温度。在室温下，黑体辐射的大部分是红外线，不能被人看见。地球表面的温度与室温相当，这就是为什么地球通常释放不可见的红外或长波辐射的原因。

氯氟烃（chlorofluorocarbons） 人造的化学物质，它们已经导致保护地表免受太阳紫外线伤害的臭氧层逐渐消失。它们是人类工业活动在大气中增加的威力巨大的温室气体。氯氟烃是无毒、化学活性低的物质，在工业上有用途。它们被广泛用作冰箱和空调的制冷剂、胶体喷罐推进剂和溶剂。氯氟烃分子有很多变种，用编号系统对它们进行分类。它们都包含碳、氯和氟原子。在大气的上层，氯氟烃分子暴露在来自太阳的紫外线下，导致自身被分解，释放出氯原子。氯原子在破坏臭氧的化学反应中起到了催化剂的作用。氯氟烃中释放的一个氯原子引起催化的反应大约可摧毁10万个臭氧分子。

温室气体（greenhouse gases） 考虑到地球到太阳的距离较远，幸亏有了温室效应，大气才将地表温度保持在比其本应有的温度要高得多的水平。来自太阳的可见光被称为短波辐射，它们经过大气，被陆地和海洋吸收，使陆地和海洋温度升高。地球的温暖表面以长波辐射即红外线的形式释放热量，红外线被大气中的二氧化碳、甲烷、水蒸气和温室气体吸收。这些气体将吸收的能量向上或向下辐射出去，向下辐射的部分热量使下方的地表温度上升。人类导致全球变暖的根本原因是人类活动在大气中增加了二氧化碳和其他温室气体，加剧了本来自然的温室效应。

蒙特利尔议定书（Montreal Protocol） 旨在减少氯氟烃对臭氧层损害的全球协定。《蒙特利尔破坏臭氧层物质管制议定书》签署于1987年，后来被世界各国批准。它制定了将2000年氯氟烃的生产水平降到1986年生产水平一半的目标。此后，议定书进行了修改和目标收紧，旨在禁止使用或生产这些化学物质。研究表明，大气中氯氟烃的水平已因此下降，南极上空的臭氧空洞也开始恢复。

降水（precipitation） 当大气中的水蒸气冷凝并在重力的作用下降落到地面，就被称为降水。它包括落下的雨、雪、雨夹雪和冰雹，但不包括雾，因为构成雾的冷凝水蒸气仍悬浮在空中而未落到地表。当空气中的水蒸气冷凝，且此时通常由于温度下降导致大气含有水分的能力下降，从而使空气变得饱和时，降水便被触发。

烟雾（smog） 一种空气污染，导致在地表形成厚重的烟雾。烟雾这个词是雾（fog）和烟（smoke）的组合。当大气中的逆温层捕获污染物并允许烟雾聚集时，情况会变得更糟。烟雾包括来自烟中的煤灰和汽车尾气等其他污染物。烟雾是大城市的特征，在20世纪50年代前的伦敦这是个严重的大气污染问题。现在汽车排放的尾气在很多城市导致了烟雾。大规模焚烧农田和森林也会导致烟雾。

平流层（Stratosphere） 地球大气中海拔在约12千米至50千米的一层。平流层始于两极的地球表面（海拔约8千米），在赤道处地球表面的海拔约为18千米。其特点是该层拥有极寒、稀薄且干燥的空气，是使我们免受太阳紫外线伤害的臭氧层所在的地方。臭氧吸收紫外线的能量而具有温暖的效应。因此平流层的空气不同于下方的空气，其温度随着高度的上升而升高。

臭氧空洞

3秒钟速览

发胶和冰箱中的化学物质让保护生命的臭氧层屈服了。这些化学物质在南极上空打开了一个巨大的空洞，让危险的紫外线得以进入。

3分钟扩展

由于摧毁臭氧层的化学物质如此顽固，臭氧空洞最近才开始恢复。造成的损害可能要持续到2060年。人们最近将臭氧空洞同地球上最强大的暴风中的巨大变化联系起来。南半球的风暴路径位于澳大利亚和非洲以南，它已向南移动，对臭氧空洞的响应更为强烈，随之而来的还有强风和强降雨。

地球上的生命依赖于臭氧层。臭氧层位于地表上方约20千米高的平流层。臭氧阻挡了势力强大的紫外线，紫外线会导致DNA突变，引发皮肤癌和白内障。1974年，研究人员发现一组普通的合成化学物质——氯氟烃导致臭氧大量消失。氯氟烃当时在发胶罐、冰箱和空调中大量使用，并在大气中堆积。一个氯氟烃分子在升到平流层后能摧毁超过10万个臭氧分子。1985年，科学家在位于寒冷南极的研究站里得到了20世纪最惊人的发现之一，那就是每年春天臭氧层中会出现一个巨大的空洞。珍珠云表面发生的化学反应是导致臭氧空洞快速恶化的关键所在。臭氧空洞生动地表明，人类对环境会有剧烈影响。在南极发现臭氧空洞之后，各个国家的政府很快同意在1987年签署蒙特利尔议定书以禁止氯氟烃。该议定书是历史上最成功的环境条约之一。

相关主题

大气分层　6页
风暴路径　40页
平流层极地涡旋　56页
阳光　64页

3秒钟人物

约瑟夫·法曼
1930—2013
英国科学家，他发现了南极上空的臭氧空洞

马里奥·莫利纳
1943—2020
墨西哥化学家，因将氯氟烃同臭氧层消失联系在一起而获得诺贝尔化学奖

本文作者

达尔甘·M.W.弗莱尔森

合成化学物质对臭氧层产生了破坏。1985年在南极上空发现的大型臭氧空洞促使人们采取行动。

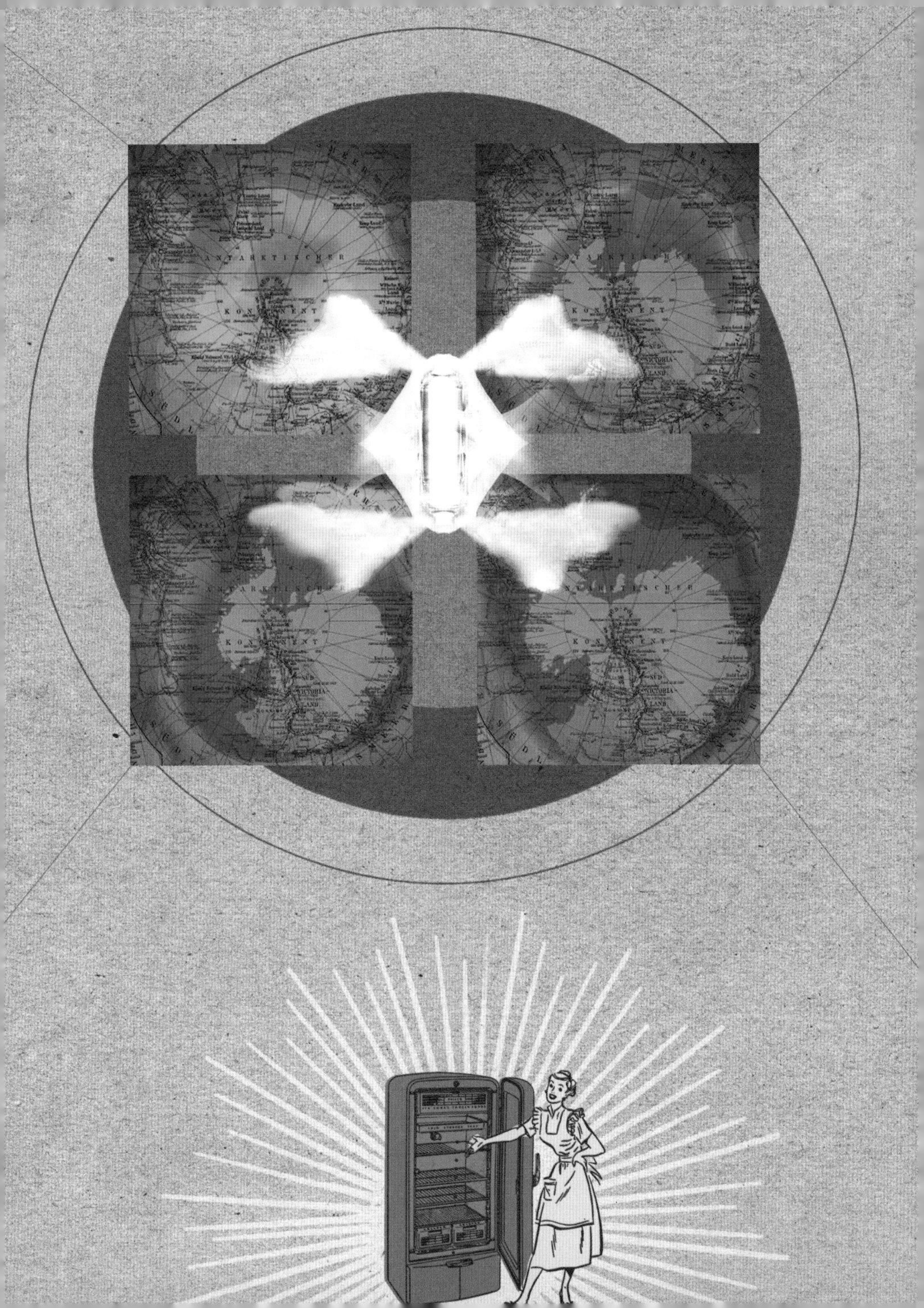
ANTARKTISCHER

全球变暖和温室效应

3秒钟速览

气候正在迅速改变，人类难辞其咎，但气候还会变得更糟。

3分钟扩展

通过大量削减温室气体排放可阻止对气候的严重破坏。例如，由火电转向风电和太阳能电力，使用电动车，甚至采用含肉更少的饮食，因为牲畜会制造甲烷。如果温室气体排放能迅速减少的话，我们就能限制下一个世纪的进一步变暖。但是温室气体排放仍在继续，目前大气的温室效应仍在上升。

我们的大气中如果没有温室气体，地球会成为一个寒冷的冰球。水蒸气、二氧化碳、甲烷和其他温室气体让热量难以逃离到太空，从而使地球变得温暖并适合居住。但自工业革命以来，人类活动已导致温室气体大量增加，从而使地球温度正变得过高。过去一个世纪燃烧化石燃料和砍伐树木导致大气中的二氧化碳增加了40%，这是全球平均温度升高接近1℃的主要原因。气候变化在北极是最迅速的，那里的海冰已经变薄，在过去数十年里冰川已明显后退。全世界的海平面正在上升，热浪变得更为频繁。温度更高的大气含有更多的水蒸气，水蒸气让天气系统增压，使得极端的降雨事件变得更为常见。与此同时，持续的干旱可能让地中海和澳大利亚南部等本已干旱的地区情况进一步恶化。在接下来的数十年里，如果温室气体排放持续增加，全球变暖肯定会加速，预计到2100年，气温将升高几度，陆地和北极将会发生最大的变化。这种极端的气候变化将会给环境、经济和社会方面带来重大挑战。

相关主题

气候预测　90页

斯万特·阿累尼乌斯　101页

气候历史和小冰期　122页

3秒钟人物

约瑟夫·傅里叶
1768—1830
法国数学家，他发现了温室效应

查尔斯·戴维·基灵
1928—2005
美国大气化学家，首个测量大气中二氧化碳积累的人

本文作者

达尔甘·M.W.弗莱尔森

如果全球变暖不受到遏制，它将对农业、水资源和生态系统造成巨大的伤害。

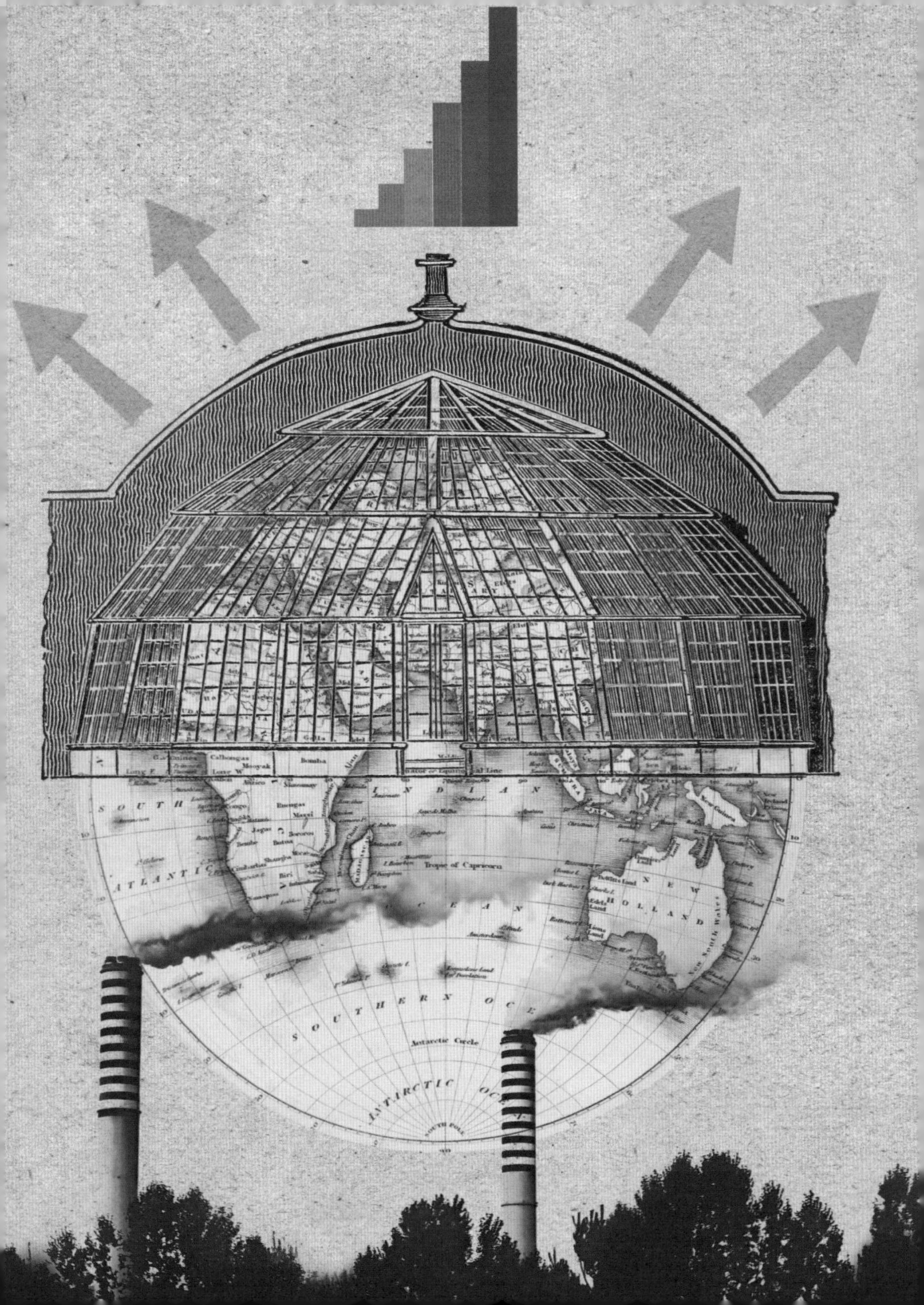
SOUTH
ATLANTIC
INDIAN
Tropic of Capricorn
NEW
HOLLAND
New South Wales
SOUTHERN OCE
Antarctic Circle
ANTARCTIC OCE

1859年2月19日
出生于瑞典的维克城堡

1876年
进入乌普萨拉大学学习化学、物理学和数学

1884年
从瑞典科学院获得博士学位，他的学位论文与电解质相关

1884年
在乌普萨拉大学获得研究岗位

1891年
获得斯德哥尔摩大学教职，讲授物理学

1895年
被任命为斯德哥尔摩大学物理教授

1896年
发表《大气中的二氧化碳对地球温度的影响》，指出二氧化碳作为增温气体的重要性

1900年
出版《理论电化学》

1903年
获得诺贝尔化学奖

1905年
成为斯德哥尔摩诺贝尔物理研究所的负责人

1906年
出版《正在形成的世界》，书中对如果没有温室气体地球会有多冷进行了计算

1927年10月2日
在瑞典斯德哥尔摩去世

人物传略：斯万特·阿累尼乌斯

SVANTE ARRHENIUS

斯万特·阿累尼乌斯是瑞典化学家，他曾获得诺贝尔化学奖。他首先认识到大气中的二氧化碳在温室效应中的重要性。

阿累尼乌斯出生于瑞典的维克城堡，他读书的时候在数学和物理方面表现突出。在他的一生中，相较于以数量方式表达二氧化碳的作用，他更因对化学的贡献而闻名于世。他早期研究某些被称为电解质或盐的化合物在溶液中的表现，开创了现在叫作物理化学的科学学科。他同科学家威廉·奥斯特瓦尔德合作，指出这些电解质化合物的溶解分子会分解成被称为离子的带电原子。这项重要的研究让阿累尼乌斯获得了1903年诺贝尔化学奖。

阿累尼乌斯得知了英国化学家约翰·廷德尔的工作，后者已指出二氧化碳和水蒸气在实验室中可吸收能量，但廷德尔主要关注水蒸气，水蒸气在让大气温度升高方面发挥了更大的作用。

阿累尼乌斯认识到二氧化碳水平发生变化才是气候变暖的重要原因。他使用来自天文学家的数据，后者曾用新仪器测量了月亮的温度。这种新仪器被称为辐射热测定仪，它能探测月亮释放的红外光。在1896年发表的一篇文章中，阿累尼乌斯计算了这种红外辐射在地球大气中穿过时的损失，并将这种损失同二氧化碳的吸收联系起来。他还计算了由于大气中二氧化碳数量增多所导致的地球升温的程度，并用公式表达出二氧化碳水平的变化和全球气温变化的数学关系。

阿累尼乌斯使用新提出的黑体辐射的物理理论，指出考虑到地球到太阳的距离，如果热量不被大气捕获，地球的理论温度为-14℃。也就是说，在没有温室效应提供的保温层时，地球会成为一个冰冻的行星。他在1906年出版的书中介绍了二氧化碳使地球温度升高的作用。

尽管阿累尼乌斯在化学方面取得了不凡的成就，但他的知名度还是因为他是第一个对大气中二氧化碳数量增加导致的温室效应进行计算的人。

莱昂·克里福德

酸雨和大气污染

3秒钟速览

污染物增加了某些酸性气体在大气中的浓度，它们与空气中的水汽作用，产生酸雨。

3分钟扩展

空气污染并不是新鲜事。自罗马时期起，它就是繁忙城市里的一个问题，维多利亚时代的伦敦人对它也非常熟悉。自工业革命开始，更多的二氧化硫被释放到空气当中，引发了酸雨。

纯水不呈酸性也不呈碱性，但以雨降下的水包含杂质，会让水呈酸性。当出现酸性时，便产生了酸雨。大气中自然出现的二氧化碳与水发生作用，产生了碳酸（H_2CO_3），这就意味着降雨自然地呈现一定的弱酸性。但由污染产生的其他杂质和火山爆发和雷电等自然现象会导致降水的酸性超过正常值。雷电中的大量能量让空气中的氮气和氧气发生化合反应，产生二氧化氮（NO_2），它与水发生作用又生成亚硝酸（HNO_2）和具有高腐蚀性的硝酸（HNO_3）。火山喷发会将二氧化硫（SO_2）注入到大气中，它与氧气和水蒸气作用产生具有同等腐蚀性的硫酸（H_2SO_4）。除了这些自然因素，来自人类活动的大气污染物也导致大气中的二氧化碳、二氧化氮和二氧化硫增加，导致降雨的酸性也随之增加。汽车尾气排放、石油精炼和释放二氧化硫污染物的燃煤电厂，是人类引发酸雨的主要原因。

相关主题

云　10页
雨　12页
雪　16页

3秒钟人物

约翰·伊夫林
1620—1706
英国日记作家，他注意到腐蚀对由大理石雕刻的古希腊雕塑的影响

罗伯特·安格斯·史密斯
1817—1884
苏格兰化学家，他开创了对空气污染的研究，并于1872年发明了“酸雨”这个术语

詹姆斯·皮茨
1921—2014
美国烟雾研究者，他的工作对加州清洁空气法做出了贡献

本文作者

莱昂·克里福德

硫酸盐和硝酸盐的排放引发了酸雨，酸雨污染了空气、土壤和水。

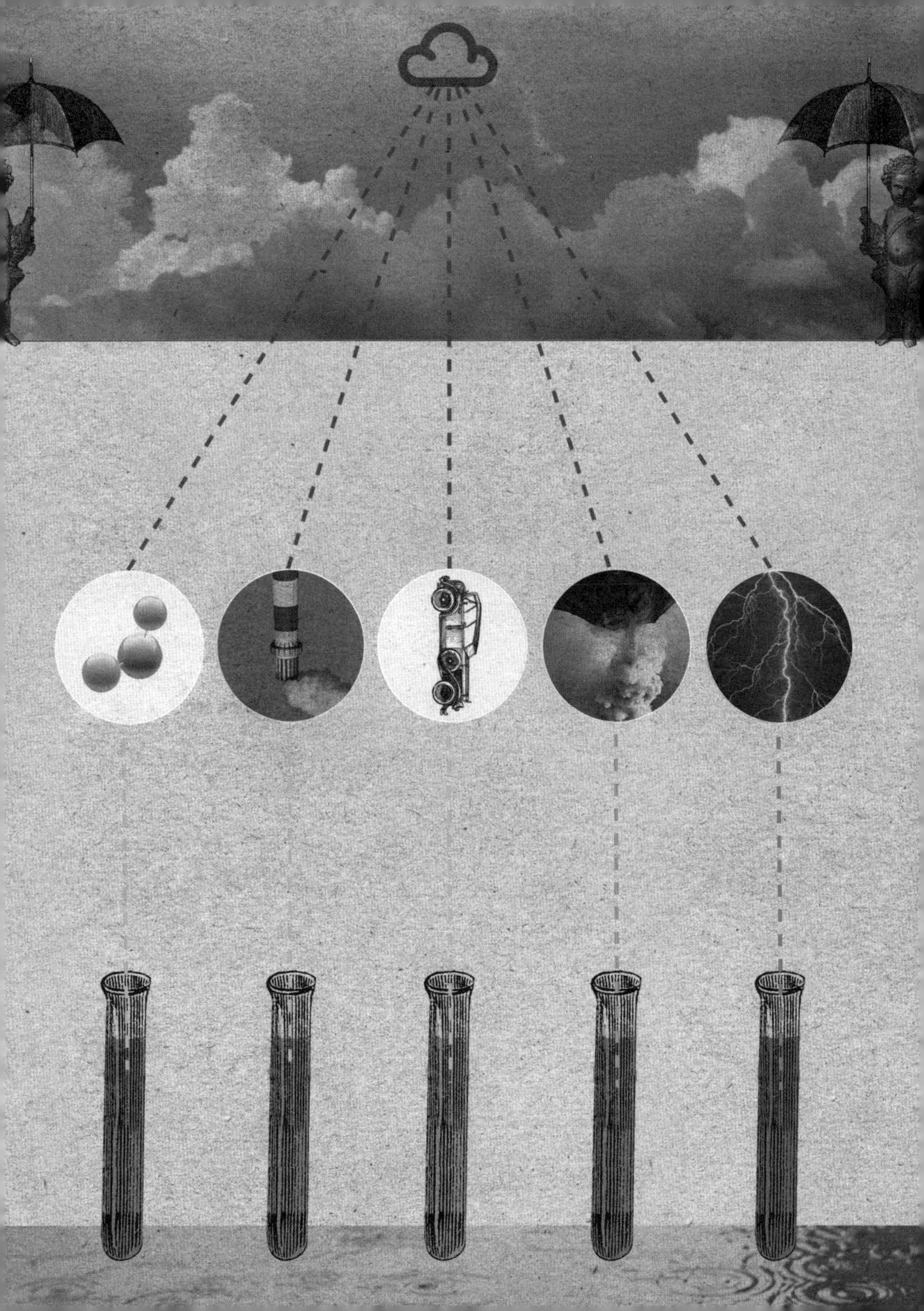

航迹云

3秒钟速览

飞机制造了被称为航迹云的人工云，其产生的原因是飞机引擎尾气以及飞机周围气压变化促使水蒸气冷凝。

3分钟扩展

航迹云是如何影响天气的呢？它本质上是云，看上去也像云，它反射阳光，使地球温度降低，并吸收地面辐射出的使人感到温暖的热。总的来说，人们认为高层的云会使地球温度上升。美国空域在2001年“911”袭击后曾被关闭数天，美国的天空中没有了航迹云，但温度却发生了微小但可测得的上升。

航迹云是在高空飞行的飞机后面出现的白色条形物。航迹云看上去像云，它是由大气中的水蒸气冷凝形成的，由数十亿计的微小水滴构成，而更为常见的是悬浮在空中的冰晶。与云不同的是，航迹云是人造的。它们通常出现在8千米或者更高的高空，在那里空气温度低、湿度大。但当空气温度足够低时，航迹云也可以在较低的高度形成。航迹云可在飞机引擎的尾气中形成，并附着在机翼或机翼尖的边缘和表面，这涉及一些物理过程。飞机的机翼改变了它们穿过的空气的压力，这种压力上的变化会导致大气中的水蒸气冷凝。飞机引擎向空气中排放颗粒物和水蒸气等尾气，尾气的颗粒会成为水冷凝的凝结核。尾气中的水蒸气还会增加尾气流中空气的湿度，并引发更多的冷凝。尾气中的水蒸气需要一些时间来降低温度，这就解释了为什么有时候飞机和其后的航迹云之间有一段距离。

相关主题

大气分层 6页
云 10页

3秒钟人物

赫伯特·阿普曼
1917—2013
美国气象学家，他开创了航迹云的研究，对可能导致航迹云的温度和压力进行了绘图

本文作者

莱昂·克里福德

航迹云作为“收缩的凝结尾迹”是人造的云，它们是在对流层上层飞行的飞机的飞行记号。

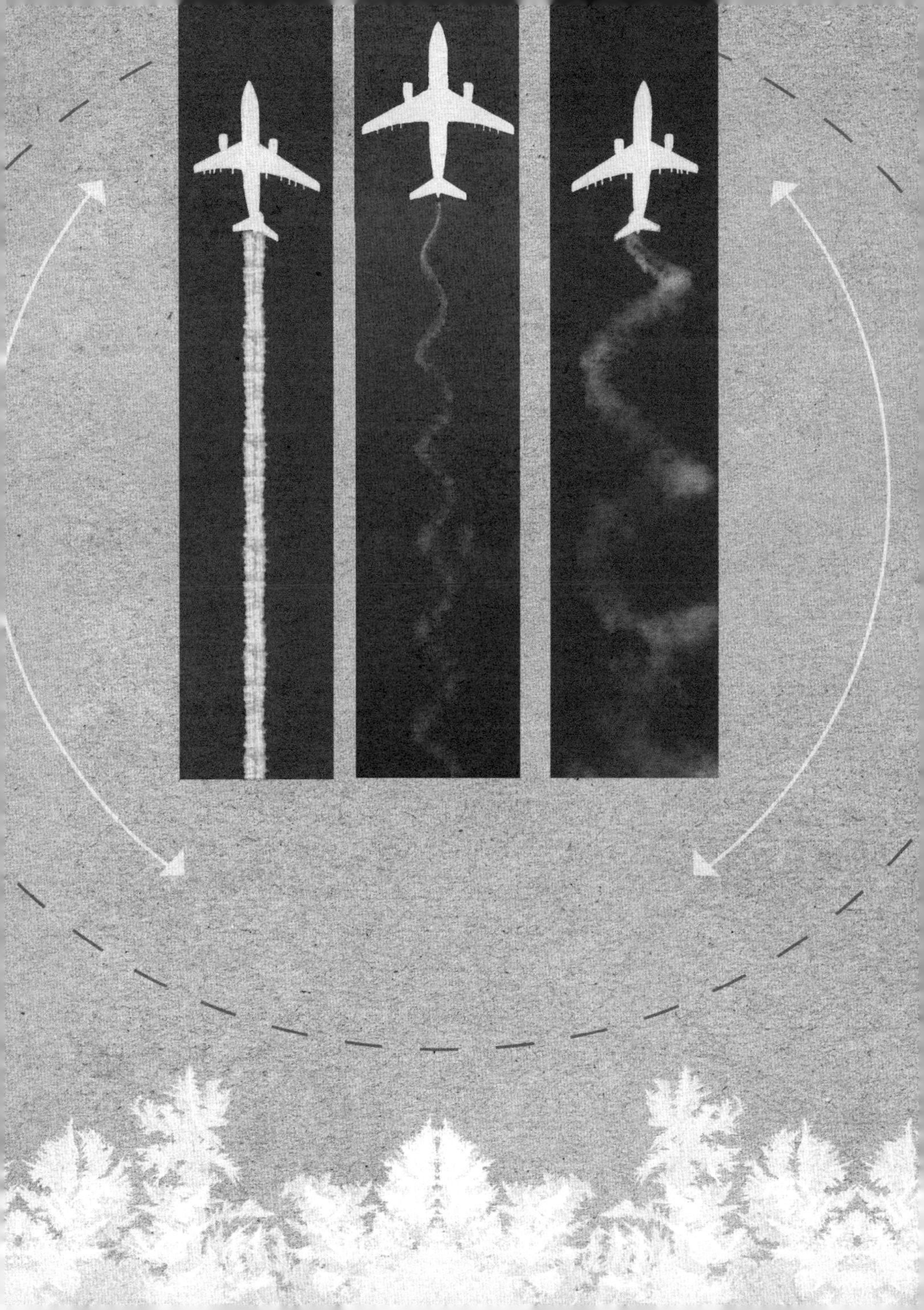

天气周期性变化

天气周期性变化
术语

电磁辐射（electromagnetic radiation）
一种能量形式，以电磁场变化的术语来描述。太阳释放的能量大多数呈现电磁辐射的形态。它以光速传播，将来自太阳的能量传递给地球。不同种类的电磁辐射是由其波长（或颜色）和频率来区分的。波长越短，其频率便越高，反之亦然。电磁辐射的最小单元是光子，波长较短、频率较高的光的光子，比波长更长的光的光子携带更多的能量。不同的大气气体以不同方式传播和吸收不同波长的电磁辐射。二氧化碳对可见光是透明的，但吸收红外线。臭氧吸收紫外线但传播可见光。当大气吸收电磁辐射时，它获得了此辐射的能量，从而使温度升高。

厄尔尼诺—南方涛动环流（El Niño-Southern Oscillation Cycle，ENSO Cycle） 一种热带太平洋海面温度上升和下降的模式，它与海上大气的变化有关。这种环流的升温部分被称为厄尔尼诺现象，降温部分被称为拉尼娜现象。太平洋上方的空气压力模式的相关变化被称为南方涛动。这种海面温度变化同大气压力变化的组合被称为厄尔尼诺—南方涛动环流。

间冰期（interglacials） 冰河时代温度超过平均全球温度的时期被称为间冰期。在间冰期，冰盖后退，然后在新的冰蚀期冰盖再次前进。地球历史上至少有五次大型的冰河时期。地球目前正在经历第四纪大冰期，它开始于258万年前。其特征是一系列的多次冰蚀，在冰蚀发生时，大型的冰盖覆盖了地球的大部分区域。在冰蚀之间散布着温暖的间冰期，此时冰盖后退。我们现在所处的冰期有多个被间冰期隔开的冰蚀周期。通常，冰期持续的时间为4万年到10万年，而间冰期的持续时间大约为1万年。我们现在正生活在间冰期，此时冰盖已后退至格陵兰岛和南极附近，它已经持续超过1万年的时间。

超级干旱（meta droughts） 持续时间超过20年、期间降水极少的时期被称为超级干旱。根据历史天气数据，超级干旱过去在世界上的很多地方都发生过。这个术语指的是干旱持续的时间而不是强度或者严重程度。很多科学家相信，超级干旱会随着气候变化导致的全球变暖而变得更为常见。美国国家航空航天局已经发出警告，美国西南部部分地区可能会在本世纪经历超级干旱。

涛动（oscillation） 天气的循环模式和气候的循环模式有时被称为涛动。它们持续的时长可以短到数周数月，或长到数十年或更长的时期。在涛动期间可出现任何种类的天气，如降雨、压力和海洋温度的变化，通常它们将各种不同的天气特征联系在一起。发生在热带天气的马登—朱利安涛动每30~60天沿着赤道推动一个云和雨的脉冲，便是涛动的一个例子。另一个涛动的例子是太平洋年代际涛动，它导致在30年的时间段内太平洋表面海水温度上升和下降相互交替。冰河时代的冰期和间冰期的周期也是持续时间长达数千年的一种涛动。

太阳能（solar energy） 太阳能为天气提供了能量，也是气候系统中最根本的热量来源。在气象学中，太阳能是太阳释放的能量中被地球吸收的那部分。太阳能在太阳内部通过核聚变过程产生，以光线和其他电磁辐射的形式来到地球。太阳释放的X光和紫外线被地球大气吸收，到达地球的其余太阳能，要么被地球表面吸收，要么被云或冰反射回空中。太阳能这个术语也用于捕获来自太阳能的设备生产的电或热。

马登—朱利安涛动

3秒钟速览

人们对马登—朱利安涛动这种热带变化模式一知半解。虽然已经揭示了部分秘密，但未解开的部分仍然让人感到困惑。

3分钟扩展

马登—朱利安涛动是热带大气季节间变化的主要特征。它包含与大尺度环流相结合的大尺度对流活动，二者一同形成了大规模向东贯穿印度洋和太平洋的大气活动。它可能被认为是与对流相结合的可见的大尺度赤道波。

马登—朱利安涛动很难定义，理解起来则更难，但当我们看到它时，便知道它是存在的。马登—朱利安涛动横跨数千千米，是赤道附近向东移动的云和降雨模式，每30~90天重复一次。它是热带地区各种天气模式中最接近每周横扫中纬度地区的天气模式的一种，是在星期到月的时间尺度上影响热带天气最甚的因素。热带地区的天气模式并不类似中纬度地区的天气模式。大体上说，除了季节性的季风和偶尔的飓风，热带地区是最平静的地区。确实，在大片热带区域，盛行风如此之微弱，这些区域被称为赤道无风带。但马登—朱利安涛动是个例外。它通常始于西印度洋，以4~8米/秒的速度向东移动，然后在较冷且干燥的太平洋东部热带区域消失。这种天气模式所在的区域有上升空气，潮湿多雨，两侧是更干燥的地区。但这里存在一个问题——我们并不完全了解发生了什么。这种现象有波的特征，但在很多方面它更像是一种转换模式，我们仍然不知道决定其传播速度、时间和规模的因素是什么。

相关主题

云　10页

大气波　42页

季风　54页

3秒钟人物

保罗·R.朱利安

1929—

罗兰·A.马登

1938—

美国气象科学家，他们于1971年发现了现在被称为马登—朱利安涛动的现象

本文作者

杰弗里·K.瓦里斯

雨、波、对流和平衡一同制造了马登—朱利安涛动，还没有人知道它们如何制造了马登—朱利安涛动，这便是气象学的迷人之处。

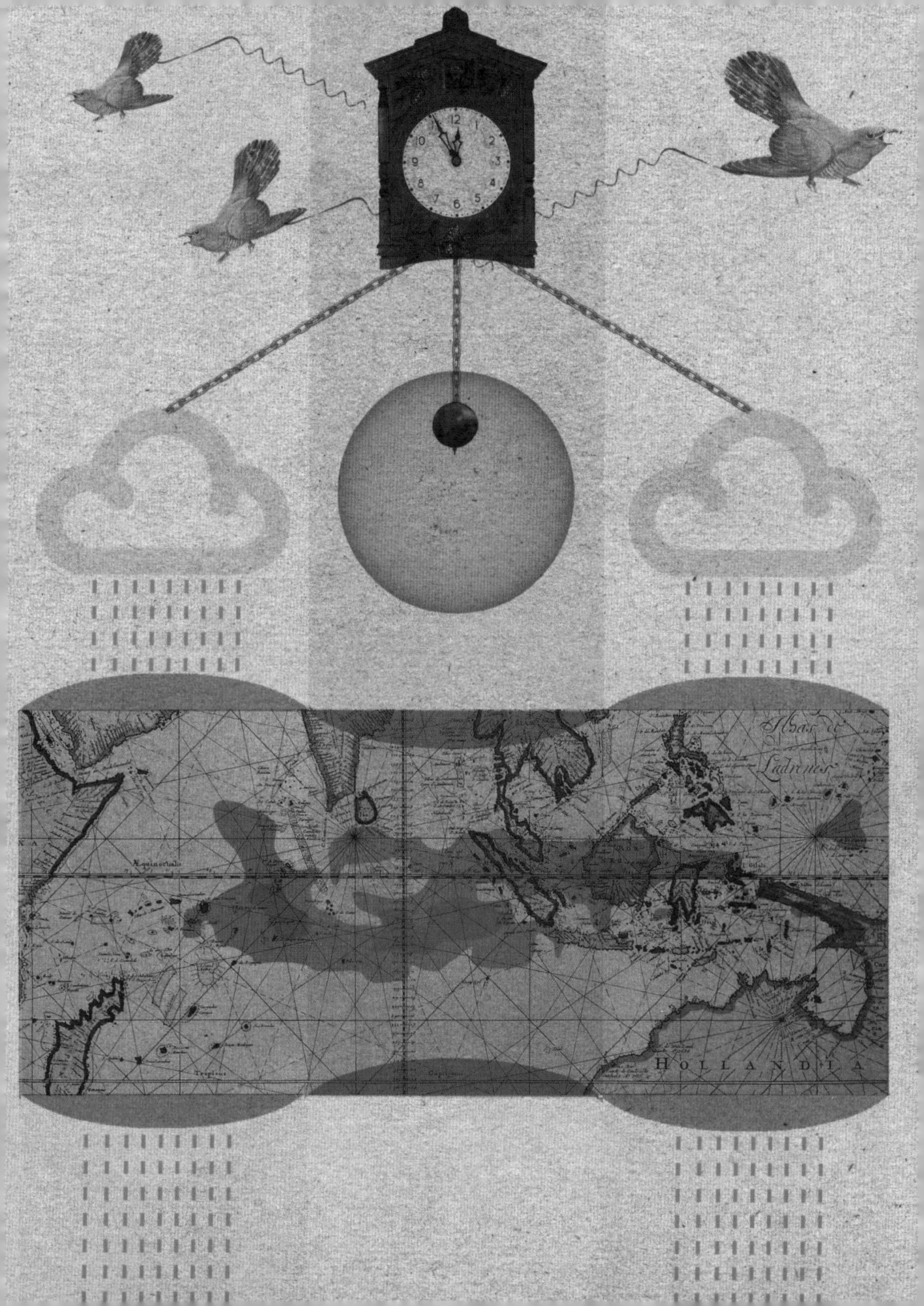
HOLLANDIA

厄尔尼诺和拉尼娜

3秒钟速览

厄尔尼诺和拉尼娜是太平洋和大气之间进行热交换的周期模式的一部分。它们对全球的天气造成了影响。

3分钟扩展

1997年和1998年发生了一次大型厄尔尼诺现象。它使地球温度明显升高，推高了地表平均温度，使1998年成为当时有记录以来最热的年份，直到数年后全球变暖和后续出现厄尔尼诺现象才再次打破了该纪录。一些气象学家认为，太平洋储藏了大量的热量，在不久的将来，这种热将会被释放从而加速全球变暖进程。

每隔几年太平洋赤道上温度足够高的海水逐渐增加，触发地球气候中最剧烈的自然气候波动。它让海面和其上方的空气温度上升，并延伸到美洲沿岸。这种海面变暖的事件被称为厄尔尼诺现象，与其相反的事件则被称为拉尼娜现象，它能让太平洋海面的温度下降并吸收来自大气的热量。在厄尔尼诺现象发生之后数年，可测得地球表面温度上升，在拉尼娜现象发生之后数年则可测得地球表面温度下降。两个事件都是太平洋和大气之间进行热量交换的自然循环系统的一部分。它们同太平洋上方大气压力的波动结合起来，被称为南部涛动，南部涛动随着海面温度的变化而逐步发展。这样周期性的海洋温度变化和相关的大气压力变化的组合被称为厄尔尼诺—南方涛动。厄尔尼诺—南方涛动的完整循环通常每隔几年就发生一次，影响着全球的风和降雨模式。它同非洲的干旱和远至北欧的寒冷天气也是相关联的。

相关主题

信风 50页
吉尔伯特·T.沃克 73页
太平洋十年涛动 118页

3秒钟人物

雅各布·皮叶克尼斯
1897—1975
气象学家，他解释了1969年厄尔尼诺—南方涛动现象的物理学原理

本文作者

莱昂·克里福德

厄尔尼诺这个词在西班牙语中是圣婴的意思，使用这个名字的原因是人们观察到厄尔尼诺这个异常天气现象发生在圣诞节前后。

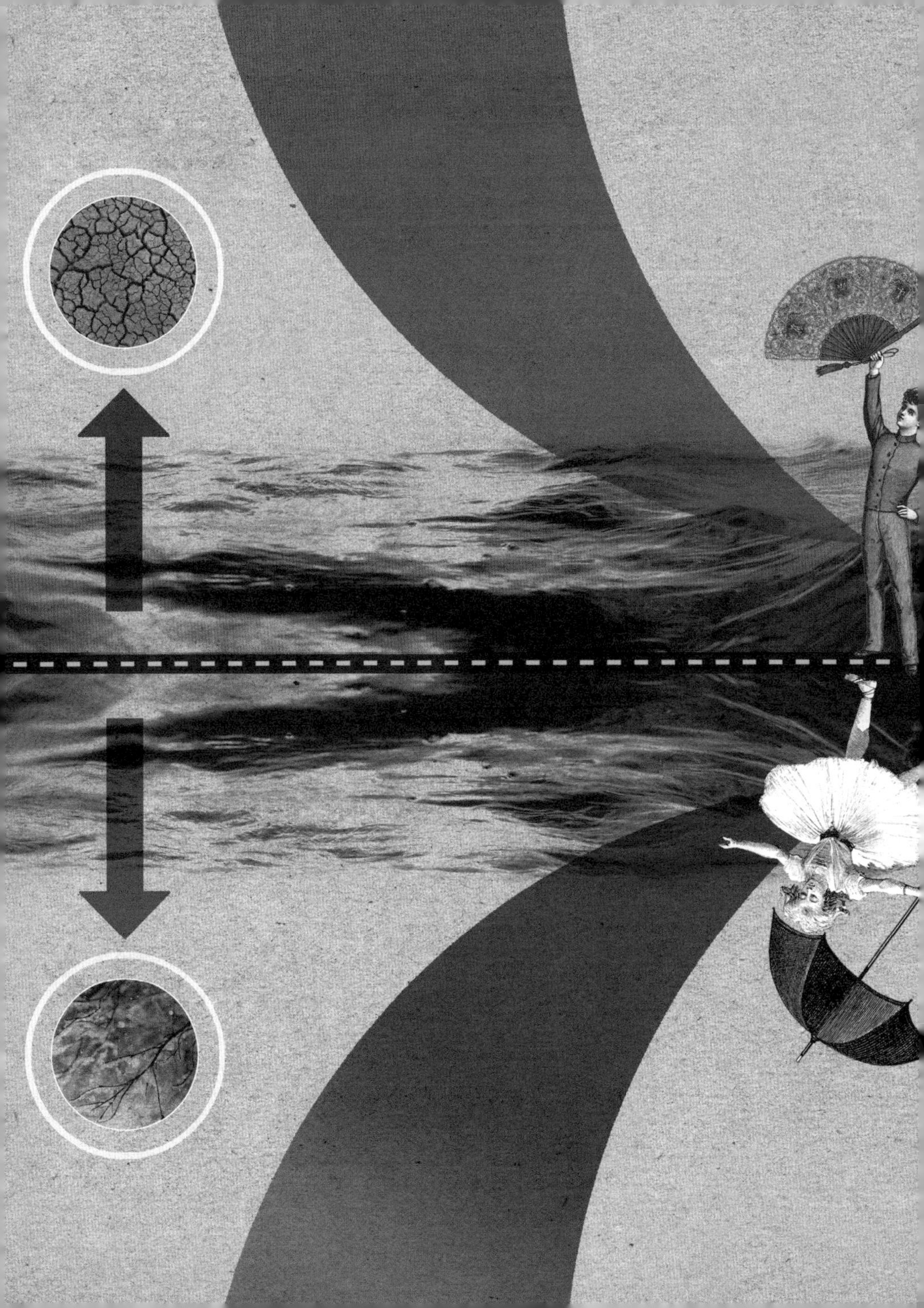

北大西洋涛动

3秒钟速览

对于欧洲和北美东部来说，北大西洋涛动是天气年际变化中最重要的因素。

3分钟扩展

由于北大西洋涛动不规则，有一些气象学家认为北大西洋涛动更好的名称应当是“非涛动”，而之前的计算机模型研究也表明，北大西洋涛动从根本上说是不可预测的。但最新的研究表明，这种观点过于悲观，随着技术进步，现在我们可对未来几个月的冬季北大西洋涛动进行熟练预测。

在中纬度地区，会出现相邻冬季间天气的剧烈变化，但这些看上去很复杂的变化通常在北美地区形成了一个简单的天气模式。气压方面最大的变化出现在冰岛和亚速尔群岛附近。反复不定的天气表明，当冰岛的气压比平时情况低（高）时，亚速尔群岛的压力经常比平时要高（低）。这种压力方面的反复变化便是北大西洋涛动。北大西洋涛动的变化预示着贯穿欧洲、美国东部和加拿大的天气在各个方面都会发生变化。例如，北大西洋涛动在1999年—2000年的冬季相当正面，北欧的温度适中，但猛烈的寒风却强劲地插入法国和德国，造成人员死伤以及数十亿欧元的损失。与此相反的是，在2009年—2010年的冬季，北大西洋涛动表现得相当负面，北欧非常平静和干燥，但极寒的天气却持续了数月。尽管人们拥有150年的可靠观测数据，在北大西洋涛动的记录中却几乎找不到哪怕很小的模式，因为它太不规律，甚至不能被称为涛动。但一系列的因素如远在太平洋的厄尔尼诺、太阳黑子周期性的变化以及下方的大西洋都推动了北大西洋涛动的产生。

相关主题

急流　38页
阻塞高压、热浪和寒潮　46页
吉尔伯特·T.沃克　73页

本文作者

亚当·A.斯凯夫

当冬季北大西洋涛动处于正面的阶段时，大西洋的急流便势力强大，为北欧和美国东部带来温和潮湿的暴雨天气，而南欧和东部加拿大则处于寒冷之中。但当北大西洋涛动处于其负面阶段时，这种状况便发生反转，就像2009年—2010年的冬季那样。

准双年涛动

3秒钟速览

除了每年的三月，准双年涛动是大气中最规律的慢速变化之一。

3分钟扩展

基于物理学定律的计算机模型现在能模拟准双年涛动。同样的计算机模型也被用于每日天气预报。所以尽管这可能看上去有点奇怪，但准双年涛动令人吃惊的规律性及其对大西洋急流、暴风和极端冬季天气的效应，还是为超长期天气预报提供了改进的希望。

大约每14个月，在高空围绕赤道吹的风发生转向，风向变成相反的方向；约14个月之后，风向再次发生逆转，用28个月的时间完成整个循环。20世纪50年代晚期，人们频繁释放气象气球，随后人们就发现了这个特点显著的准双年涛动，但对其成因人们却茫然不解。虽然期间有多个线索出现，但人们还是通过近20年的努力，才由美国科学家理查德·林德森和詹姆斯·霍顿指出准双年涛动风是由位置较低的强热带天气系统释放的小尺度波推动形成的。这些波发生“破碎”，犹如波浪在海滩上破碎，为风提供了系统性的推力。事实上，人们在一个世纪前就曾看到了准双年涛动，但并未留意。1883年，印度尼西亚群岛的喀拉喀托火山发生了致命的喷发，人们追踪到了来自这次喷发的羽毛的行踪，它正在以与准双年涛动风相当的速度贯穿热带地区。尽管准双年涛动可能看上去很遥远，但它与大西洋急流却是相关联的。当准双年涛动风从西边吹来时，大西洋急流通常会得到加强。而当准双年涛动风从东边吹来时，大西洋急流的势力则会被削弱。

相关主题

急流 38页
大气波 42页

3秒钟人物

罗伯特·埃布登
1928—
从早期气象气球数据中发现了准双年涛动的人之一，他还开展了准双年涛动对大西洋气象影响的早期研究

詹姆斯·霍顿
1938—2004
和

理查德·林德森
1940—
均为美国气象学家，他们首先提出准双年涛动背后反直觉的机制

本文作者

亚当·A.斯凯夫

高空中的风在赤道上空围绕地球转动，第14个月末风向将从由西向东逆转为由东向西。

SUNDA STRAIT
Sebecke I.
Sebesi I.
KRAKATOA
Princes I.
Mt Rajah Bassa
Mt Pojung
Pemba
Delagoa Bay
Port Natal
St Augustine B.
Sofala
Diego Garcia

太平洋十年涛动

3秒钟速览

太平洋十年涛动和年代际太平洋涛动是太平洋天气变化的模式。它们由美国、英国和澳大利亚的科学家于20世纪90年代发现。

3分钟扩展

太平洋十年涛动的暖期导致阿拉斯加南部出现大量三文鱼，而它的冷期则在美国西南部造成多年干旱。气象模拟研究表明，数百年前和数千年前这一地区发生的“超级干旱”同太平洋十年涛动和太平洋年代际涛动的超长寒冷期有关。但冷期增加了澳大利亚东部的降水，从而增加了农业收成和水资源。

太平洋十年涛动是每隔十年太平洋洋面温度冷暖交替的主要模式，不包括全球平均气温变化引起的总体变暖。太平洋十年涛动里发生的变化仍然是一个谜，但引发它们的原因可能是对热带厄尔尼诺—南方涛动的响应和阿留申群岛附近地区大气低气压区的深化或填充。尽管太平洋十年涛动同厄尔尼诺—南方涛动在模式上大致类似，但前者在热带以外的北太平洋更加活跃，在遥远的太平洋东部热带地区则不那么活跃。这种海洋的十年变化扩展到南太平洋，并小规模扩展至印度洋和大西洋。这种近乎遍及全球的变化模式被称为太平洋年代际涛动。来自气候模型和观测数据的证据表明，太平洋十年涛动和太平洋年代际涛动都影响了全球平均温度。它们的冷期通常使得较冷较深的太平洋海水同海表面海水发生更为充分的混合，从而暂时降低了温室气体引发的全球变暖的速度。

相关主题

全球变暖和温室效应
98页
厄尔尼诺和拉尼娜
112页

3秒钟人物

查尔斯·威维尔·汤姆森爵士

1830—1882

苏格兰动物学家、“挑战远征”（1872—1876）的首席科学家。这次远征对太平洋的物理特性和生物进行了首次研究

本文作者

克里斯·K.富兰德

太平洋年代际涛动强大的正向（上方）阶段和反向（下方）阶段有着深远的后果，它们在一些地方带来了盛世，在一些地方却带来了饥饿。右侧这幅地图展示的是海面温度同长期平均值的差异。

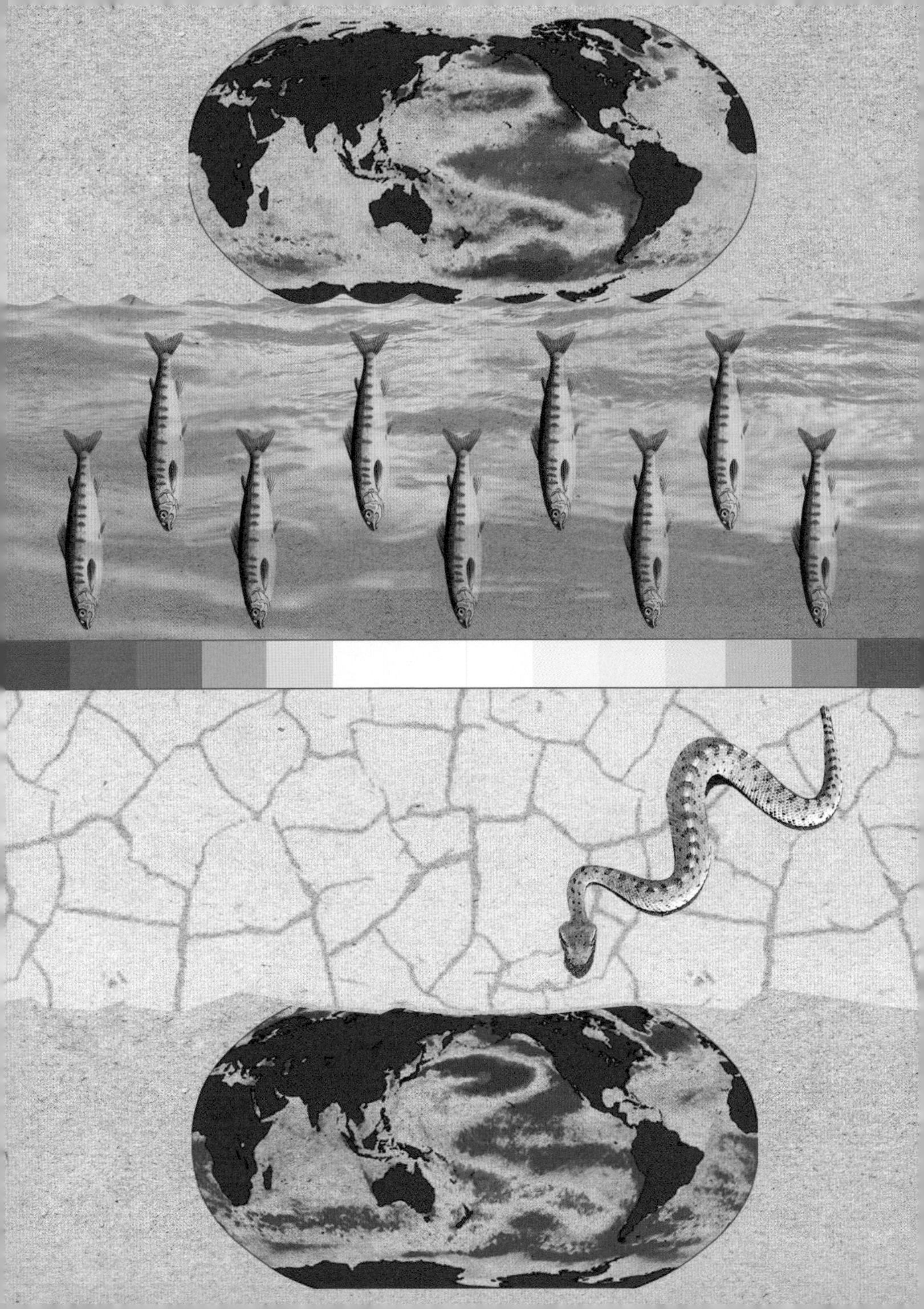

大西洋多年代际涛动

北大西洋的气候看上去是有周期性的。记录显示，除了有长期的变暖趋势，大西洋大部分海面的温度在1925年到1965年间和1995年后是较暖的，但在1965年到1995年间是较冷的。这种周期性质的变化被命名为大西洋多年代际涛动，其各阶段与全世界的气候变化是相关联的。例如在北美的大部分地区，在较暖的阶段夏季降水减少，较暖的阶段也造成了20世纪30年代“沙尘暴”式的干旱。大西洋多年代际涛动还影响了夏季时非洲萨赫勒地区、巴西东北部和欧洲的降水，还影响了北极的气候，甚至印度季风。欧洲和北美树木年轮的证据表明，年轮展示了大西洋多年代际涛动对这些地区夏天温度的影响，因此大西洋多年代际涛动已存在多个世纪。人们已经使用气候模型对大西洋多年代际涛动的原因进行了研究，指出因全球尺度海洋环流的加速或放缓，进入北大西洋的热量运动发生变化。一种替代假设则认为，污染物释放的颗粒发生变化，决定了最近大西洋多年代际涛动各阶段的顺序。

3秒钟速览

大西洋多年代际涛动是周期约为70年的北大西洋温度循环，它对全世界大部分地区的天气有着广泛的影响。

3分钟扩展

大西洋多年代际涛动通过改变亚热带大西洋的大尺度天气系统从而影响了飓风的形成。因此，20世纪70年代和80年代的暴风数量相对较少，而1995年以后的十年里暴风却相当活跃。记录中最活跃的暴风季为2005年，共有15个飓风，其中四个达到了最强等级（5级）。飓风卡特里娜因造成新奥尔良洪水泛滥、超过1800人丧生而声名狼藉。

相关主题

季风 54页
北大西洋涛动 114页
太平洋十年涛动 118页
飓风和台风 134页

3秒钟人物

雅各布·皮叶克尼斯
1897—1975
挪威、美国双国籍的气象学家，他首先注意到北大西洋在20世纪30年代和60年代相对温暖，并指出这种现象与海洋热量运动的变化有关

本文作者

杰夫·奈特

大西洋多年代际涛动的较冷阶段和较暖阶段相互交替，至少在几个世纪里影响了气候。

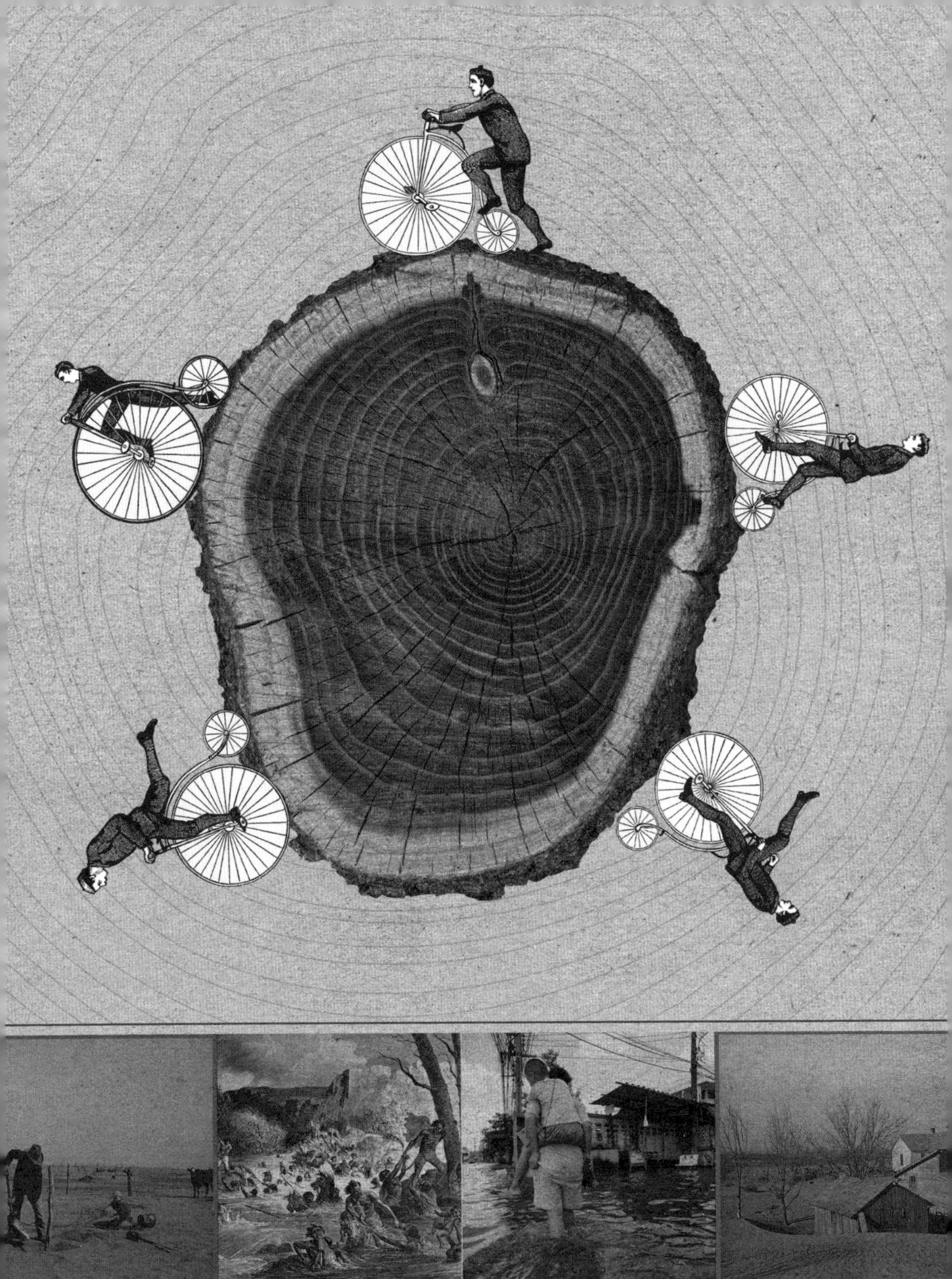

气候历史和小冰期

在遥远的过去，全球气候非常寒冷，以至于冰盖曾到达赤道，这是有可能的。人们对此方面的证据存在争议，而地质则提供了关于地球气候变化长期复杂历史的大量证据。这些变化的推动力包括改变大陆纬度和海洋洋流路径的大陆漂移、火山脱气增强的阶段、以及通过加速风化改变大气组成的造山阶段。这些变化的尺度如此之大，以至于人们对于历史上的气候可能与现在的气候截然不同几乎不会感到吃惊。在过去的几百万年里，地球在地质上与现在类似，因地球自转和地球轨道周期的原因，气候在冰期和间冰期间波动。这种影响延续到现在的间冰期，导致9千年到5千年前全球温度出现峰值。自那时起，全球的气候总体上是温度下降的，直到当前人类导致的变暖时期。在公元1000年至2000年，有一些短期的波动，包括中世纪的暖期（约950年—1250年）和小冰期（约1500年—1850年）。人们怀疑这些波动是否真的是全球性的，而非仅仅只是局部天气事件。

3秒钟速览

地球气候的历史源远流长，至少在公元1000年至2000年的这一千年里，在不同的阶段发生变化，那时的气候与现在的气候有很大的不同。

3分钟扩展

小冰期欧洲的寒冷冬季所留下的文化印象被雕刻家布鲁格尔的雕塑作品和小说家狄更斯的小说记录了下来。在世界上的其他地方，人们使用了类似年轮的措施来重构气候。但测量小冰期的广度仍然是一件困难的事情。人们认为，太阳的不活跃期和火山次第爆发在此时间段曾使气温下降。

相关主题

太阳黑子和天气
70页
天气记录　80页
全球变暖和温室效应
98页
米兰科维奇旋回
126页

3秒钟人物

休伯特·兰伯
1913—1997
英国气象学家，他是最早对上一个千年的气候变化进行研究的人之一

本文作者

杰夫·奈特

气候在整个地质时期的变化很大，它影响了世界上所有地方的历史。

1879年5月28日
出生在当时奥匈帝国的达尔吉（现属于克罗地亚）

1896年—1902年
在维也纳理工大学学习土木工程

1903年
在军中服役

1904年
被授予博士学位，论文为弯曲结构中混凝土等建筑材料的使用

1905年—1912年
以土木工程师的身份工作于多个建筑项目

1909年
任贝尔格莱德大学应用数学系副教授

1912年
发表将太阳、地球轨道和气候联系在一起的系列文章中的第一篇

1914年
塞尔维亚脱离奥匈帝国后，因是塞族人而遭到扣押

1919年
回到贝尔格莱德大学，任教授

1920年
在一本书中发表关于气候和轨道的观点

1938年
发表文章解释了对外来太阳辐射的隔离同雪线位置和冰盖边缘的数学联系

1941年
完成对自己关于绝热、天气、气候和冰期的研究和观点的校勘工作

1958年12月12日
在前南斯拉夫（现塞尔维亚）贝尔格莱德去世

1970年
月球上的一个环形山以米兰科维奇的名字命名

1976年
《科学》杂志上的重要文章确认了地球轨道同冰期的关系

人物传略：米卢廷·米兰科维奇

MILUTIN MILANKOVITCH

米卢廷·米兰科维奇是塞尔维亚人，他于1879年出生于当时奥匈帝国境内的巴尔干半岛。他从小时候就表现出数学方面的天赋。他以土木工程师的身份开始自己的职业生涯，建造了桥梁、大坝和水电站，并在混凝土的性质和使用方面积累了丰富的专业知识。1909年在他30岁时被任命在贝尔格莱德大学应用数学系担任副教授后，他的工作方向逐渐从土木工程项目转到气象学和气候。

在贝尔格莱德，米兰科维奇被地质记录中反复出现的神奇冰期所吸引。他认为在太阳和周期性的冰期之间存在某种联系，同时这种联系也涉及地球的轨道。他意识到严谨的数学方法尚未应用于这个天气和气候上的谜团，于是他开始分析地球轨道和地轴倾斜是如何随着时间变化的。

米兰科维奇坚信数学可以解释气象现象，于是他开始将地球轨道同人们观察到的重复冰期模式之间的关系一点点地拼合起来。1912年，他提出在气候中有长期的源于地球天文运动的循环在起作用，这些循环就是我们所说的米兰科维奇旋回。

米兰科维奇作为一名塞尔维亚人，在塞尔维亚于第一次世界大战前夕脱离奥匈帝国时被拘押。一位前大学教师为他疏通关系，于是他被释放，并被允许在第一次世界大战结束之前在贝尔格莱德工作。战后，他回到贝尔格莱德大学，继续发展自己的思想，从而成为一名受到国际认可的学者和多本书籍的作者。

米兰科维奇于1958年去世。在他去世后，他对冰期的天文学解释“失宠”了。后来他的旋回理论又逐渐重新得到认可，1976年著名的《科学》杂志发表的一篇重要文章从本质上证明他的理论是正确的。这篇文章发现了海床沉积物中长期气象周期的证据，得出的结论是“地球轨道几何变化是第四纪冰期出现的根本原因”，从而证明米兰科维奇的旋回理论是正确的。

莱昂·克里福德

米兰科维奇旋回

3秒钟速览

超长的天文周期改变了太阳能的分布，被认为是冰期的“起搏器”。

3分钟扩展

从格陵兰和南极冰盖钻探出的岩心以及从陆地和海洋沉积物中得到的证据，让人们可以重建数百万年前冰期的历史，从而呈现出周期分别为4.1万年和10万年的米兰科维奇旋回。最近的数百万年冰期和间冰期的周期约为10万年，最后的冰期结束于约1.1万年前。

一年中的季节周期明显不发生变化是我们天气最可靠的特点之一。事实上，因月球和各个行星的重力产生拉力，地球的旋转和轨道在一千年的时间里会发生变化，季节在一千年里也缓慢地发生着变化，其效应便是每年地球最靠近太阳的日子发生了改变。季节变化的一个周期需要2.2万年时间，所以尽管地球现在于每年1月3日距离太阳最近，但在1.1万年前，这个时间点出现在7月。此外，地球的轨道稍微有那么一点不圆，现在地球离太阳最近的点和离太阳最远的点两者相差距离是500万千米。在十万年的时间里，此距离在接近零和1500万千米之间往复变化。最后，地轴的倾斜度在4.1万年的时间里在22.1°和24.5°之间变化。上面提到的三个周期并未改变地球从太阳接收到的总能量，但是它们的确改变了每个季节和每个半球接收到的能量。天文学家米卢廷·米兰科维奇提出，这种变化是出现冰期的始作俑者。但其他具有放大效应的过程也是必要的，需要它们来解释这些小小的变化是如何导致极地冰盖在北半球覆盖的面积曾远远超过现在。

相关主题

季节　8页
气候历史和小冰期
122页
米卢廷·米兰科维奇
125页

3秒钟人物

路易斯·阿加西
1807—1873
瑞士、美国双国籍的地质学家，他是第一个提出地球经历过冰期的人

本文作者

杰夫·奈特

在路易斯·阿加西发现地球经历过一系列冰期和间冰期的一个世纪后，米卢廷·米兰科维奇以地球自转和轨道为基础提供了解释。

极端天气

极端天气

术语

藤田级数（Fujita scale） 飓风的强度是用藤田级数来衡量的。它由藤田哲也和亚伦·皮尔森于1971年发明，按照飓风造成的损害以及对相关风速的估计对飓风进行分类。其最初的数值范围从低到高为F0至F5，F0级指造成树枝折断和建筑物广告牌损坏等轻微损失，F5级则可以将框架坚固的房屋一扫而光，或在空气中将车辆或车辆大小的物体抛出100多米。美国于2007年引入了改良藤田级数，使估计引发最严重损失的毁灭性大风的风速更为精确。

霰（graupel） 一种降水形式，由质地较小的柔软冰球构成，有时候被称为软雹。但霰并不是冰雹，也不是雨夹雪，它有独特的质地和结构，形成的方式也不同。当大气中悬浮的过冷水滴结合并在下落的冰晶周围冻结时，便形成了霰。当雨带移动进入冷气团时会触发霰的形成。

涛动（oscillation） 天气循环模式和气候循环模式有时被称为涛动。它们发生的时长可以短到数周数月，或长到数十年或更长的时期。在此期间可发生任何种类的天气，如降雨、压力和海洋温度的变化，通常它们将各种不同的天气特征联系在一起。发生在热带天气的马登—朱利安涛动每30~60天沿着赤道推动，形成一个脉冲，成为涛动的一个例子。另一个例子是太平洋的年代际涛动，导致在30年的时间段内太平洋表面海水发生温度上升和下降之间的转换。冰河时代冰期和间冰期的周期也是持续时间长达数千年的一种涛动。

等离子体（plasm） 当原子失去一个或多个带负电的电子，它们就带正电，被称为离子，可构成等离子体。等离子体是离子化的气体，由自由运动的电子和它们的母原子构成，整体呈电中性。但与离子化的气体不同，等离子体可以导电。等离子体通常不稳定，寿命很短，除非有一些机制来维持它们。空气中闪电是温度很高的空气被电离形成了等离子体导致的一种放电现象。等离子体还存在于被称为电离层的大气上层部分，进入这里的太阳辐射，通过让氧气或其他气体失去电子，从而维持等离子体的状态。

平流层（Stratosphere） 地球大气中海拔在约12千米至50千米的一层。平流层始于两极的地球表面上空（海拔约8千米），在赤道处地球表面的海拔约为18千米。该层拥有极寒、稀薄且干燥的空气，是使我们免受太阳紫外线伤害的臭氧层所在的地方。臭氧受到其吸收的紫外线能量的温暖作用，而具有升温效应。因此平流层的空气不同于该层下方的空气，其温度随着高度的上升而升高。

超级单体风暴（supercell storm） 一种少见的风暴，它围绕旋转的上升气流形成，会在地面导致极端天气状况。超级单体风暴与势力强大的飓风、危险的闪电、棒球大小的冰雹、强风、引发洪涝的暴雨相关联。人们认为，当风切变让水平涡旋（或旋转气团）倾斜时，超级单体风暴便形成了，于是它便围着一条竖直的轴线旋转，制造势力强大的上升气流（即中气旋）。这个旋转的天气要素让超级单体风暴同普通的单体风暴和多单体风暴区别开来。

过冷却水（supercooling/supercooled water） 流体在其正常冰点以下的温度冷却但并未变成固体时，过冷却水便形成了。过冷却水滴存在于高纬度的云中，这里空气的温度低于水的凝固点。过冷却水只能在不含杂质或悬浮颗粒的水滴中形成，否则会成为凝结核触发结晶。研究表明，过冷却水现象发生的原因可能是水分子的排列方式同结晶不相容。

逆温现象（temperature inversion） 大气最低的一层对流层中，空气温度通常随高度上升而下降，但有时候温度会上升，导致一层较暖空气出现在一层较冷空气上方，这被称为逆温。通过逆温层的降雨会凝结，形成冻雨。如果逆温层下方的空气足够潮湿，会形成雾。在人口稠密的地区上空，逆温会起到盖子的作用，吸收地面附近的污染物。

涡旋（vortex/vortices） 旋转的流体被称为涡流。在气象学中，涡旋通常指的是旋转的空气。这种旋转可以发生在低压系统的周围，如飓风或台风发生时的情形。

雷暴和闪电

3秒钟速览

雷暴和闪电是积雨云强烈放电的表现，仅在美国每年会造成约50人丧生。

3分钟扩展

闪电可发生在云的不同区域，非常显眼，就像是扩散的闪光，或从云来到地面，有着发白光但并不整齐的路径。要粗略估计闪电的距离，可以测量闪电和巨响之间的时间（秒），乘以声速即可。雷声与闪电间隔较长，说明闪电的距离通常有数千米远，导致雷电时间延长，发出听上去不吉祥的隆隆声。

人们通常在高大有冰的积雨云上看到闪电，并由此认为，冰的热电效应在闪电前电荷分离的形成中很重要。它需要水分子因温度的原因很容易分解成为正负离子，并在冰的冷暖两侧各形成正负电荷。当霰（软雹）击中过冷水滴，会同其结合并凝固，而整体会因为潜在的热释放而维持温度较环境温度高一些。但当霰与冰粒相撞时，它们瞬间形成一片温度不一致的冰，然后一般会反弹分开。较冷的冰粒因经历这种短暂的相遇受到热电作用而带正电，于是被上升气流带至云的更高位置，而重量较大带负电荷的霰则向下降落，通常会融化。空气是良好的绝缘体，允许以这种方式堆积大量的电荷，但电荷堆最终克服了阻力，并释放出闪电，与之相伴的是大量极具威力的电流通过。空气分子被加热到20000~30000℃时会分解，产生非常明亮、迅速扩张的等离子体，并产生巨大声响的冲击波。

相关主题

云　10页
雨　12页
冰雹　18页
飓风　138页

3秒钟人物

本杰明·富兰克林
1706—1790
美国国父、博学家，他设计了一个实验，证明闪电是一种放电现象，并发明了避雷针

本文作者

爱德华·卡罗尔

人们尚不清楚富兰克林是否曾向雷暴云放出一只风筝以证实闪电的放电本质。但至少有一人因试图重复他的实验而丧生。

飓风和台风

3秒钟速览

飓风和台风起初生成时是热带温暖水气上方的低压系统，它们作为环流风暴，在经过海洋和陆地时，可造成严重破坏。

3分钟扩展

过去一场热带风暴能出其不意地杀死数千人，尤其是在次生沿海洪灾发生的时候。科学研究表明，热带风暴的强度会因天气变化引发海面温度较高而得到加强。如果采取适当的减灾措施，数值天气预报能极大地减轻雷雨的毁灭性影响。现在的天气预报可提前一周预报雷雨的路径。

飓风和台风等势力强大的风暴是热带气旋，其最大表面风速超过119km/h。在西北太平洋，它们被称为台风；在东北太平洋和北大西洋，它们被称为飓风。热带风暴在仅仅几个星期的短暂生命中，其变化令人着迷。例如，大西洋飓风由非洲上方向西运动的涡旋生成，这些涡旋根据自身强度和环境因素，会发展成性质一致的气旋旋涡。随着风暴发展，旋转的柱状空气受到其周围流动空气的限制，这就使得得到温暖海洋支持的温度较高、多雨且充满湿气的高耸空气得以形成，并受到保护。在水温超过26.5℃的情况下，这个过程可让潮湿的涡旋转变成热带风暴，后者是从海洋吸收热量的强大引擎。势力最为强大的热带风暴在不超过古巴国土面积的区域释放的能量超过全世界生产的电能之和。热带风暴生成后，通常在几个小时里就会引发在飓风眼周围旋转的下雨旋转风。在几天时间里，这些旋转风可在飓风内重新分布动量，并推动该风暴在强度上发生相当大的变化。热带风暴通常会登陆或以弧线的路径离开热带地区，从而结束其生命周期；有时候则会重新加强，但最后还是会消失。

相关主题

天气预测 86页
气候预测 90页

3秒钟人物

凯利·安德鲁·伊曼纽尔
1955—
美国气象学家，他帮助人们理解热带风暴加强、生命周期和气候学的机制

本文作者

吉尔伯特·布鲁奈特

飓风和台风都是在低压核心即“风暴眼”周围快速旋转的空气涡旋的例子。

1917年5月23日
出生于美国康涅狄格州的哈特福德

1938年
在新罕布什尔州的达特茅斯学院获得本科学位

1940年
获得哈佛大学研究生学位

1942年—1946年
担任美军陆军航空兵的气象学家

1948年
获得麻省理工学院气象学博士学位

1963年
在《大气科学》杂志中发表文章《确定性的非周期流》，成为混沌理论的基础

1969年
被美国气象学会授予罗斯比研究奖章

1973年
被英国皇家气象学会授予西蒙斯金质奖章

1983年
被瑞典皇家科学院授予克拉福德奖

1987年—2008年
成为麻省理工学院荣誉退休教授，他在这里度过了人生的最后时光

1991年
因发现确定性混沌，被授予日本京都科学奖

1993年
出版《混沌的本质》

2000年
被世界气象组织授予国际气象奖

2004年
分别被俄罗斯科学院和荷兰皇家艺术和科学院授予罗蒙诺索夫金奖和巴耶斯奖章

2008年4月16日
去世，享年90岁

人物传略：爱德华·诺顿·洛伦兹

EDWARD NORTON LORENZ

爱德华·诺顿·洛伦兹是数学家和气象学家，他终身都居住在美国的新英格兰地区。他先在达特茅斯学院学习，然后在哈佛大学期间，同乔治·伯克霍夫一同工作，后者研究“动态系统”，这是洛伦兹未来工作的核心。由于第二次世界大战爆发，洛伦兹前往军中服役。战后，他在麻省理工学院完成了博士学习，并在加州大学洛杉矶分校获得了访问学者的职位，在这里他开始进行一个数值预测项目，使用的工具是早期的电子计算机和对大气流动公式作近计算的简单方程组。洛伦兹在大气计算方面远远领先于他所在的时代，因为那时很多气象学家还在使用线性统计预测模型，而洛伦兹则对此不以为然。

在这项工作中，洛伦兹做出了自己职业生涯中最伟大的成就之一。他一直在运行自己的计算机模型，该模型已开始求解数量为12个方程的天气方程组，后来在同事的帮助下，他将方程组简化为3个公式。然后他在计算机模型中再次敲入了这12个数字，让它再次运行，于是便出门喝咖啡。当他返回时，发现尽管开始的时候看上去状况相同，但这个新的解答与最初的解答完全不同。洛伦兹意识到，发生这种现象的原因是当他重新输入这12个数字的时候，有微小的差别。他不经意的行为揭示了决定性混沌的存在，在这里初始状态中最小的变化能很快发展，并引发非常不同的结果。他后来曾说，“两个状态之间不被察觉的微小差别可能最终演化成巨大的不同”。自从洛伦兹发表关于天气状态对最初状态敏感依赖的系列文章后，这种现象便被命名为“蝴蝶效应”，尽管在其最初的类比中，他使用的是海鸥翅膀的扇动。

洛伦兹的研究工作指出，相对简单的公式组经过被称为奇异吸引体的奇怪数学模型的作用，会引出复杂的动力系统。分形几何描述了这个重要的概念，它是我们现在所说的“混沌理论”的核心。洛伦兹的发现重塑了现代气象预报，使制作多个预报组合成为必要，以考虑微小误差对混沌的敏感性。

洛伦兹的发现具有深远的意义，使气象学家、其他科学家和数学家极大地改变了他们理解世界的方式。他指出，真实的世界远远不是前人所幻想的可预见的世界，而是由混沌所掌控的，并因极小变化的存在会走上截然不同的发展方向。他的工作让人们更快意识到，天气以及天文学和生态学等很多自然科学中看似随机或复杂的行为，不一定需要随机或复杂的支持公式。

亚当·A.斯凯夫

飓风

3秒钟速览

飓风是一个旋转的空气漏斗，它从大型积雨云的基础处延伸开来，制造的风比任何其他天气现象的势力都要强大。

3秒钟扩展

美国每年因飓风平均受灾损失超过10亿美元，在2011年有553人因此丧生。世界其他地方也受到飓风的影响，如1989年孟加拉国因飓风有约1300人丧生。令人吃惊是，英国和荷兰是世界上受到飓风袭击（次数/平方千米）最多的国家之一，但这些国家的飓风通常比美国遭受的飓风的威力要小得多。

在来自落基山脉的强势干燥西风的下方，是来自墨西哥湾的温暖南风补给，在美国中部大片区域上空制造了非常合适的不稳定条件，形成了持续时间长且自保持的积雨云。随高度增加而速度变大的水平风将温度较高的向上气流同温度较低、由降水引发的向下气流分开。后者来到地面，将地面温暖的空气席卷而上。水平向风随高度的变化引发了围绕水平轴线的旋转，就好像铅笔在两只手中旋转。如果水平方向的涡旋被吸入向上气流，并开始围绕竖直的轴线发生旋转，那么它就会变成轴线为竖直方向的涡旋。由此产生的超级单体风暴继续吸入高度较低处温暖潮湿的空气，为不停旋转的上升气流提供补给。周边半径数公里以内的空气聚拢来，密度变大，旋转随时间加强明显，就如同滑冰者收起双臂后越转越快。高风速和快速上升引发局部压力下降，使空气温度下降，导致冷凝，从而形成旋转空气的漏斗。如果空气漏斗下降，就会成为飓风，其特征是泥土和碎片被带起，在其路径上被风旋转并被向外抛出。最具摧毁性的飓风的风速超过400km/h，它能卷起卡车，将建筑物夷为平地。

相关主题

云　10页
飓风和台风　134页

3秒钟人物

藤田哲也
1920—1998
气象学家，他设计了藤田级数，将飓风的损害同风速联系起来

凯斯·勃郎宁
1938—
英国气象学家，在研究了影响英格兰伯克郡沃金汉姆镇的大型飓风之后发明了超级单体这个术语

本文作者

爱德华·卡罗尔

在超级单体风暴中，先由风切变为空气柱提供旋转，类似两手间旋转的铅笔；然后持续时间长、势力强劲的上升气流使空气柱变得垂直，密度增大。

平流层爆发性增温

到20世纪中叶，人们在世界各地释放常规的气象气球。一些气球会上升30千米后才爆裂，从而获得了深入平流层的测量数据。就像在科学中常见的事情那样，这些新的观测数据产生了完全未意料到的结果。1952年1月，北极上方高空的温度突然在仅仅几天内就增加了50度。这个戏剧性的事件首先由德国研究人员报告，现在它有了一个恰当的名字，即平流层爆发性增温。自此以后数十年的观测数据表明，平流层爆发性增温每隔几年发生一次，但只在冬季发生，并几乎只在北极上空发生。唯有一次奇怪的事情发生在2002年的南极，这一次南极上空的臭氧层空洞被暂时填满。这次事件发生的原因是平流层中突然出现了行星尺度的巨型波，就好似海滩上突然出现了波涛。但准双年涛动是由小尺度波的类似过程引发的。这种破坏导致北极周围通常由西向东的风完全转向，引发北极处空气下降并被压缩。这种压缩并非任何真实的加热过程，但它使得空气温度急剧上升。

3秒钟速览

每隔几年，大气高处的大型碎波让常见西风风向发生逆转，并导致冬季平流层剧烈变暖。

3分钟扩展

平流层爆发性增温还会带来地表的显著变化。在一次爆发性增温后，欧洲和美国东部通常会经受长达数周的寒冬天气。最近发生在2009年12月到2010年2月之间的极端冷冬，对社会造成了许多影响，包括交通阻断，整个北欧地区能量需求增加。这个看上去不太明确的现象现在是长期天气预报发展中的重要线索。

相关主题

大气分层 6页
大气波 42页
平流层极地涡旋 56页

3秒钟人物

理查德·斯克哈德
1907—1970
德国气象学家，他首先于1952年发现“平流层的爆发性增温”

松野太郎
1934—
日本气象学家，首个解释平流层爆发性增温原理的人

本文作者

亚当·A.斯凯夫

平流层爆发性增温短暂地摧毁了高纬度地区的寒冷极地涡旋，并增加了地表突然出现寒潮的风险。

ATLANTIQUE
E U R O P E
OU GRAND DÉSERT
TAKROUR
NIGRITIE